做最好的自己
你的形象价值千万

桑楚／编

线装书局

前言

人的形象价值是无限的：你的穿着打扮显示着你的品位和爱好，你的言谈举止是个人修养的明证。而且，形象和性格有着密不可分的联系。形象改变了，你的性格也有可能会跟着改变。形象的变化有时候不仅会改变性格，甚至还会改变人生。

形象不只是外表，还是精神气质和个人修养由内到外的体现。天生拥有良好的外形当然是非常幸运的，然而，这并不能代表你的全部形象，良好的形象来自你自己的努力发掘，来自你理智的分析，来自聪明的装扮和举止。

如果到了该改变生活的时候，那么就应该从改变形象开始：穿得一定要像个成功者；掌握良好的沟通和交流技巧；正确使用身体语言；注意在细节问题上保持形象……始终注重个人形象的培养和提升，终将与最好的一切相遇。

为了帮助现代人更好地塑造和提升个人形象，我们推出这本书，全书分别从穿着服饰、仪容修饰、气质修养、交往礼仪、行为举止、综合素质等方面阐述了提升个人形象的方法，指导和帮助广大读者塑造积极、诚信、友善的整体形象，不断提升个人的精神面貌和工作效率，从而找到属于自己的幸福。

好的形象代表的是一种高尚的品格，它没有一劳永逸的终点和归宿，而是需要我们用毕生的时间和经历去雕刻，去历练。阅读本书，一定会帮助你塑造适合自己的最佳形象，让你的形象增添你的信心和力量，让你成为一个备受青睐的人，一个同事喜欢、领导重视的人，让你不断挖掘自身的资源，在人生的道路上纵横驰骋，让你在追求成功的道路上无往不胜——让你自己值得拥有最好的一切。

目录

第一章 为什么你的形象价值千万

第一节 形象是成功人生的潜在资本
002 \ 精致生活，赢在形象
004 \ 好形象更能打动人心
005 \ 好形象决定成功人生
007 \ 良好形象为你带来好运
010 \ 形象可以为事业代言

第二节 形象是命运的助推器
013 \ 好形象有时胜过好成绩
014 \ 好形象能够推动成功
016 \ 保持好形象，成功机会多
017 \ 热情的形象影响人生际遇
019 \ 不服输的形象会打动命运之神

第三节 好形象是经营人脉的金字招牌
022 \ 真诚的形象帮你构建良好的人际关系

024 \ 亲和力是你吸引他人的能量

026 \ 悉心聆听能使你获得好人缘

028 \ 热情不过度，人脉才稳固

030 \ 主动，你已赢得了成功人脉的一半

第二章 人靠衣装美靠靓妆

第一节 以貌取人是不变的法则

035 \ 以貌取人是人类的本性

037 \ 一见钟情"钟"外表

039 \ 多数企业以貌取人

041 \ BQ：职场通行证

第二节 服饰的强大力量

044 \ 合理着装，增强自信

046 \ 正确搭配，增加气势

048 \ 服饰能让你更具说服力

050 \ 人们信赖衣饰亲切的人

052 \ 柔化穿着，能借外力

第三节 穿出你的好形象

055 \ 用衣服包装自我，用自信打动他人

057 \ 体形有区别，穿衣有不同
059 \ 女性自信着装的三大原则
061 \ 西装穿正确，更显魅力风采
064 \ 男士穿西装要讲究细节

第三章 仪容要美化，形象才优化

第一节 仪容要美化，形象才优化

067 \ 面容修饰，铸出亮丽容颜
068 \ 不同的脸形，不同的修正技巧
071 \ 好形象从"头"出发
074 \ 迷人的双眼需要外护和内养
076 \ 四招让颈部展示青春魅力

第二节 基础保养越早开始越好

078 \ 小心，洗脸方法不当会揉出皱纹
079 \ 脸部护理六式，让护肤效果加倍
082 \ 挑选护肤品，敏感肌肤者更要谨慎
083 \ 特别的你要选择特别的洁肤方式
084 \ 为不同肤质量身打造保湿方法
086 \ 护肤，太阳光和寒风是两大敌人
087 \ 面膜使用四注意，让你的肌肤更年轻

第三节　化妆，美化形象的绝招

089 \ 得体妆容的"八字箴言"

091 \ 精致唇妆，打造完美双唇

093 \ 运用化妆小技巧遮盖粉刺

095 \ 眉部化妆的正确方法

098 \ 眼部化妆的六个技巧

102 \ 不同脸形的化妆方法

第四章　修炼气质，提升形象

第一节　第一印象永远没有第二次

107 \ 这是一个两分钟的世界

109 \ 形象如同天气，没有谁喜欢雾霾

111 \ 培养快乐心情，树立乐观形象

114 \ 微笑使对方在第一时间喜欢你

116 \ 热情大方的形象更深入人心

118 \ 健康体魄是好形象的必要条件

119 \ 一举一动中提升信任度

第二节　看起来像个成功者

122 \ 好形象需要设计

124 \ 打造自己的外形

125 \ 增强吸引力

127 \ 与成功者为伍

129 \ 塑造成功者的气场

131 \ 增加"曝光率"

133 \ 适时缺席,显得你更重要

134 \ 偶尔需要"自抬身价"

第三节 修饰内在形象

137 \ 不因美丽而可爱,却因可爱而美丽

139 \ 精神健康的人,拥有朝气蓬勃的形象

141 \ 乐观,让你拥有容光焕发的形象

142 \ 谦虚是提升形象的一种大智慧

144 \ 才情是一件美丽又耐穿的衣裳

145 \ 诚实让你的形象具有说服力

147 \ 仁爱是一种拥有好形象的法则

149 \ 让修养渗透在每一句话中

第五章 身体语言与形象

第一节 你的手会"说话"

153 \ 死鱼般的手是形象的死穴

155 \ 把握握手的分寸

157 \ 女性应注意的握手细节

158 \ 使用双手和他人握手的方式

160 \ 轻触他人的手,让你给他人留下好的印象

161 \ 塔尖式手势,彰显你的自信

163 \ 正确地后背双手,树立你的权威

165 \ 双手叉腰——你的形象更具威慑力

第二节 表情比衣服更重要

167 \ 真诚的微笑使你的形象闪光

169 \ 不同的笑容反映了不同的性格和形象

172 \ 眼睛是表达情感的窗口

175 \ 成功地运用目光,胜过千言万语

176 \ 选择适合的目光投向,为自身的形象加分

180 \ 轻抬眉毛表达好感

181 \ 学会用眉毛传情达意

第三节 优雅的行为举止让你脱颖而出

184 \ 站出你的自信与风采

186 \ 走出你的好仪态
188 \ 每一次出场都是完美现身
190 \ 怎样才能坐得优雅
192 \ 女人行为举止的八大禁忌
194 \ 男人行为举止的五大注意事项

第六章 沟通能力折射你的形象

第一节 最初的几秒钟决定沟通的方向

197 \ 得体的介绍，让对方记住你
200 \ 恰当的称呼打造你的懂礼形象
202 \ 记住对方的名字
204 \ 看清身份再开口
206 \ 从对方的兴趣入手
208 \ 寻找共同话题，打开陌生的局面

第二节 声音是沟通的乐器

211 \ 声音在交流中的作用
213 \ 动听的声音能够调动他人情感
215 \ 人们不喜欢命令的声音
217 \ 不要给他人带来听觉污染
218 \ 塑造有亲和力的声音形象

220 \ 控制自己说话的音量

222 \ 适当的语气让你的声音更美丽

223 \ 有活力的声音才最美

第三节 交流用技巧,形象更美好

226 \ 在恰当的时机说正确的话

228 \ 常说"谢谢"的人惹人爱

230 \ 用好"对不起"之外的道歉语言

232 \ 不当面纠正他人错误

235 \ 多说"我们",少说"我"

237 \ 说别人想听的,不是说你想说的

240 \ 维护他人的面子,显出自己的涵养

242 \ 在倾听时应适当对说话者做出回应

第一章

为什么你的形象价值千万

第一节
形象是成功人生的潜在资本

精致生活，赢在形象

一天，大哲学家亚里士多德参加宴会，宴会开始时他穿了一件普普通通的衣服出席，主人不知道他是谁，反应十分冷淡。于是，亚里士多德马上出去，换了一件崭新的皮大衣，重新回到了宴会。主人的态度马上发生了变化，变得十分殷勤，他邀请的客人们也纷纷起来，过来向他敬酒。

亚里士多德眼见如此，马上脱下自己的大衣，拎着大衣说："喝酒吧，亲爱的大衣兄弟！"许多人都奇怪地看着他，亚里士多德说："你们不了解，我的大衣兄弟可是十分清楚，所有的礼节都是冲着他来的，他才是今天的客人。"

以貌取人的观念的确是不对的，这谁都知道。但是，实际交往中，我们还是不由自主地倾向于长相好的人——形象好的人往往大受欢迎。

目前商界谈判很注意对手的穿着打扮，看对方穿的什么牌子的西装、什么牌子的衬衫、什么牌子的皮鞋，系什么领带、什么皮带，戴的是不是宝石戒指、是不是白金手表，以此来判断对方的财力。如果你穿得很寒酸，对方就会对你失去信心，谈都不谈就打道回府了。

毕业于名校的小林一次次到外企面试，却一次次地以失败告终。直到最后一次，他与同班同学被某外企公司召去先后面试。他的同学全副"武装",发型整齐、西装革履,手中提了个只放了几页纸的皮公文包,俨然是一名成功者的姿态,而自己依然是那套"潇洒"的"盖茨"服,外加上"性格宣言"的黑布鞋。在他进入面试的会议室时,看到五六个人,他们全部是西装革履,看起来不但精明强干,而且气势压人。他那不修边幅的休闲装,显得如此与众不同、格格不入,巨大的压力和相形见绌的感觉使他"恨不能找个地缝钻进去"。他没有勇气再进行下去,最终放弃了面试的机会。

着装的第一个规则是整齐顺眼,也就是清清爽爽。整天坐在办公室的职员或接触顾客的营业人员,要是穿着脏兮兮的衬衫、皱巴巴的裤子,一副精神散漫的模样,谁都不会对他产生好印象。以这种"不修边幅"的样子,无论跟谁谈话,谁都要心存戒备,吃亏的总是你自己。

假设有两个部属,才华相等,效率不相上下,如果只能提拔一个人,老板最后通常会依他们平时的仪表给他的印象来取舍。就像一位投资商说的:"我怎么也不会给那个穿着旅游鞋、牛仔裤,头发如同干草,说话结结巴巴的小子500万美元的投资,他的形象和个人素养都不能让我信服他是一个懂得如何处理商务的人。"

有时一个人的内在很专业,而外在却不够专业或者毫不在意,都会直接地影响别人对他能力的判断。因为一个衣着邋遢、穿衣都不合场合的人,实在难以让人相信他会是一个有智能,对自己的专业领域能掌握,平时对环境变化有足够掌控能力的人。

好形象更能打动人心

　　美丽的外表既包括与生俱来的天生丽质、俊朗秀丽，也包括后天的衣着打扮。人们经常会下意识地把一些正面的品质加到外表漂亮的人身上，像聪明、善良、诚实、机智等。而当我们做出这些判断时，我们一点也没有觉察到外表在这个过程中所起到的作用。

　　1960年，在尼克松与肯尼迪的竞选之争中，年轻、英俊、风流倜傥的肯尼迪浑身散发着领袖的魅力，他看起来坚定、自信、沉着。当他提出"不要问国家能为你做什么，问一问你能为国家做什么"的口号时，在以"自我"为中心的国度里激起了美国人民上下一片的爱国热潮。他不仅满足了美国人梦中理想的领袖形象，而且创立了领袖形象的最高标准。

　　1980年与里根竞选总统的杜卡基斯，无论是外表还是声音，无论演讲还是表演，在英俊、高大、富有感召力的里根的衬托下，越发显得"不像个领袖"，因而落选。而演员出身的里根用自己的微笑、声音、手势、服装，表现出一个具有迷人魅力的领袖形象。

　　一个对1974年加拿大联邦政府选举的研究发现，外表有吸引力的候选人得到的选票是外表没有吸引力的候选人的两倍多。

　　其实，从心理学的角度讲，人人都有向往美、追求美的心理。这种心理引导着大家积极地爱美、扮美、学美，因此，当反映在现实中，人们就会对美的人或事物有所青睐。社会心理学有这样一项试验：在对两组被试者分别加以修饰之后，使其中一组看起来风度翩翩，另一组则显得随便、邋遢，并令其分别在走路时违反交通规则。其结果是：第一组闯红灯时，尾随者占行人总数的14%，而第二组的尾随者只占4%。这说明人的服饰、穿着具有很强的感召力。

可见，外表是打动人心最直接的方式，一旦你的外表、穿着打扮给人留下深刻而良好的印象，许多契机就会自然而然地产生。

好形象决定成功人生

生活中，有人潇洒，人见人爱；有人却哀叹自己满腹才学，无人赏识。有人展现真我，活出精彩；有人却怨苍天无眼，命运不济。为什么同样生活在这个社会中，却有着不同的境遇、不同的结果呢？

生活经验告诉我们，每个人都想追求完美的人生，但很少有人真正去注意自己在社会交往中的形象。这种形象不仅仅是仪容仪表的刻意修饰，更是温柔的性格、积极的心态、文雅的修养带给人的影响力。

一个注意形象并自觉保持好形象的人，总能在人群中得到信任，总能在逆境中得到帮助，也必定能在人生的旅途中不断找到发挥才干的机会，最终做到时刻用自己的风采魅力影响别人，活出真正精彩和成功的人生。

所以，好形象是人生的一种资本，充分利用它不仅能给你的日常生活添色加彩，更有助于提升你的影响力，助你走向成功。

形象是每个人向世界展示自我的窗口，向社会宣传自我的广告，向别人介绍自我的名片。别人从我们的形象中获取对我们的印象,而这个印象又影响着他们对我们的态度和行为。同时,每个人都在这个最基本的互动过程中追逐着自己人生的梦想,实现着生命的价值。良好的形象有助于增进人际关系,营造和谐气氛,从而促进你的成功。

红顶商人胡雪岩有一次面临生意上的一个很大危机。他在上海新开张的商行遭到当地商人的联合排挤,不久就波及了大本营杭州。一些大客户生怕胡雪岩垮台,闻风而动,都准备中止和他的生意往来。

这天胡雪岩从上海回来了,他们悄悄躲在暗处观看,想看到胡雪岩灰头土脸的样子。结果他们失望了,他们看到的是衣着光鲜、精神抖擞的胡雪岩。他们还不放心,又跟踪胡雪岩到他的商行去,他们认为胡雪岩会暂停生意进行整顿。可是胡雪岩的商行不仅没有关闭,而且他还亲自坐镇,在柜台上悠然自得地喝起茶来。这一下子令他们糊涂了,一个人遭受这么大的打击,竟然还能够如此镇定从容!最终,胡雪岩的气度征服了他们,他们又对胡雪岩恢复了信心。

其实,当时胡雪岩的处境已是山穷水尽,就是凭他那坚如磐石的好形象,才稳住了糟糕的局面。

有人说:"形象是一个人的招牌,坏形象会毁了你的一生,而好形象会令你的影响力迅速提升。"这句话一点不错,如果我们能静下心来,认真地树立起自己的好形象,那就好比给自己的人生打造了一块"金字招牌",能令你在风高浪险的生命历程中从容地经营和成就人生。

每个人都应该明白,好形象是成功人生的潜在资本,如果能够充分运用,将有助于促进你的成功。

良好形象为你带来好运

亚里士多德曾经说过:"美丽是最好的自荐信。"良好的形象是磁石,可以把别人的眼光、信赖、好感、帮助吸引到你的身上来,让你建立自信潇洒的人际关系,同时,好的人际关系更加促进你的好形象。

1962年,在英国伦敦一个著名贵族举办的豪华宴会上,一名中年男子出尽了风头,他优雅的举止、迷人的言谈,不但令在场的所有女士都对他倾心,所有男士也都对他抱着极大的兴趣和好感。人们私下里纷纷相互打听,都想认识他,并和他成为朋友,而那位男子,在这次宴会上也收获颇丰,不仅签下了40多单生意,结交了很多朋友,还找到了他的终身伴侣。

这名男子就是英国著名的房地产新秀柯马·伊鲁斯。

他的妻子艾琳娜后来在自传中这样描述他们的第一次见面:"很明显,他不是我心目中的男子形象,但是看到他俊朗的面孔、清澈的眼睛,听到他充满磁性的声音,我就怦然心动了,可关键不是这样,关键是他身上散发出的一些独特的、说不清的东西,这东西令我真正地心迷神醉……我对他一见钟情,决定要嫁给他。"

柯马·伊鲁斯的商业伙伴梅德也是在这次宴会上认识他的,他们后来终生合作,非常默契。梅德曾这样评价他:"他身上散发着一种能够征服任何人的魔力。"

那次宴会是柯马·伊鲁斯第一次在英国上流社会的社交场露面，可是他一露面，就凭借他优秀的形象，征服了整个伦敦的上流社会，随后，金钱和好运向他滚滚涌来。可是在 12 年前，柯马·伊鲁斯就来过伦敦，并出席了一个由商会举办的小型聚会。但在那次聚会上，柯马·伊鲁斯不仅受到了几位女士的嘲弄，还被侍从当成鞋匠给赶了出来。愤怒的柯马·伊鲁斯一气之下离开了伦敦。那时的柯马·伊鲁斯还是个小人物，开了一家小水泥厂，整天勤奋地忙来忙去，根本无暇顾及自己的形象。为了扩大生意，他千方百计弄到了一张商行聚会的邀请信，想混进去多结交一些人。可一进入聚会大厅，就立即知道自己走错了地方。大厅装饰得金碧辉煌，男士们个个西装革履、彬彬有礼，女士们个个华服锦衣、优雅漂亮，柯马·伊鲁斯低头看看自己，一身满是补丁而且有着厚厚油腻的工作服、大胶鞋、乱发，与这里格格不入。这时几位女士过来了，故意将酒洒在他身上，并趾高气扬地给他小费。侍从过来询问他，他讲明自己的身份，可是没人相信，而他拉一个认识他的人作证时，那个人却不承认认识他，于是他被赶了出来。

生气过后，柯马·伊鲁斯开始考虑自己为什么会受到这种待遇。自然，凭他的头脑一下子就想明白了。他回到家乡后的第一件事就是参加了一个礼仪培训班，并高薪聘请了私人形象顾问。

可见，美好的形象有助于增强人际间的吸引力，有助于拓展人际关系，有助于你事业的成功。美国汽车大王艾柯卡在总结自己的成功经验时认为："一个人要获得事业的成功，最重要的是与人相处的能力，而我检验一个人的这种能力的标准则是他的形象。"

人们在较短的时间内判断一个人,靠的不是背景材料,而是强烈的第一印象。而这个第一印象往往是在视觉器官与观察对象的外表形态相接触的一瞬间产生的。根据"晕轮效应",一旦第一印象这种定式产生了,在一定时期内就很难改变。短暂的人际接触,有时会决定你的人际关系能否建立起来,决定你的某项事业或某种行为的成功与否,所以,形象这种无声的语言不可忽视,否则将会出乎意料地失败,甚至都不知道原因。

同样一件事情,为什么有的人完成得那么得体、那么圆满,而有的人却花费很大的力气,也总办不成?这里面虽然有偶然的因素,但也还有个必然的因素在起着重要作用,就是人们是否喜欢你、欢迎你,是否愿意帮助你,并与你合作。人们往往更乐意积极主动地甚至倾全力去帮助那些形象好的人。良好的形象能吸引更多的投资与帮助,这就像股市投资者常常投资那些看上去能涨的股。

由此可见,良好的形象是你吸引他人、建立人际关系必不可少的因素。整洁大方的衣着、得体的举止、高雅的气质、良好的精神面貌和真诚的谈吐,必定给对方留下深刻美好的印象,从而建立起友谊和信任关系,达到社交目标。同时,谁拥有更多的朋友,拥有良好的人际关系,谁的形象就具有更大的魅力,谁获得成功的机会也就更多。所以,我们每个人都应该树立形象意识,从一点一滴做起,逐步建立自己的好形象,并充分运用形象去开拓自己的人际关系,追求自己的成功。

形象可以为事业代言

日本著名企业家松下幸之助，在日记中曾记录了这样一件事：一次，他去理发时，理发师十分尖锐地批评他的仪容："你是公司的代表，却这样不注重仪容，别人会怎么想？连你都这么邋遢，你公司的产品还会好吗？"理发师还建议，为了公司的形象，松下应每次都专门到东京来理发。松下听了理发师的话，觉得很有道理，以后就非常重视自己的仪容，并要求所有松下的员工都这样做。

公司领导者或员工在各类社交活动中所展现出的形象，很容易使公众联想到他们所在公司的整体形象以及他们的产品质量如何，而他们所展现的这种形象又有助于企业发展壮大。

日常生活里，外貌的重要性比我们想象中的还重要，职场上也是如此。虽然衣着仅及于表面，但却影响深远，因为人们习惯以外观度人，纵使能力是最重要的，但言谈、举止及装扮也不可忽视。尤其是在竞争激烈、企业不景气的年代里，面对众多的求职者或员工，领导者根本还没来得及看出你的能力就得进行人事决策。这时候你所展现出来的整体感就成了决定性的因素，关乎你是否能被录取、被留任，甚至被提升。

一般说来，每家公司都会有自己的企业形象，因此对员工的穿着也会有些成文或不成文的规定。如果你想进入某家公司并长久地在公司待下去，那么就一定要了解公司的要求。

杰克马上要参加广告公司的一个面试,他想让自己看起来非常完美,于是穿上蓝灰色套装、笔挺的白衬衫,还不忘记配上传统的领带。然而,来到面试地点,他惊讶地发现办公室里的每一个人都穿着休闲时尚的衣服,杰克最终没有得到这份工作。

知道吗?你的穿着代表了你的观点,你的衣服无声地向大家说明了你是一个什么样的人,做过什么样的事。如果面试时的衣着不合适,人们就会有疑问:你是否了解这个公司?你是否适合这个公司?

对于企业家来说,要塑造形象,增强形象魅力首先要考虑的是给自己的形象定位,然后才能根据这些确定自己的形象,再加以系统的设计、修炼和宣传。

形象定位的核心是和谐,即企业家所确定的形象要与自己所扮演的角色、所处的环境相一致,要与企业形象相和谐,与自己的精神、气质相吻合。良好的形象是事业成功的一个重要因素。

不同的角色决定了自己所要塑造的形象也是不同的,每个人从事的工作的性质决定了衣着的正式程度。

约翰是一家公司的律师,他总是希望树立自己权威和能干的形象。和约翰一样,如果你的工作环境比较保守,那么你就应该穿得比较正式。在银行、保险等金融部门,一套很正式的服装是必需的,这样你的顾客才会信任你。做销售的罗杰斯每天都和客户打交道,他总是很随意地穿着运动夹克和裤子,而当他需要拜访一些大公司的时候,就会换上西服,打上领带,十分得体地去见客户。在一家数据库公司上班的玛丽主要做一些技术性的工作,不经常见客户,所以总是穿一套工作休闲服,如套领毛衣、球衣再配上裤子。

女性由于职业不同，在社会上扮演的角色不同，因而对服装等有着特殊的要求。如果你是个女记者，你就免不了与各种人打交道。为了使采访、调查工作顺利进行，你就得想方设法创造轻松愉快的气氛，切忌给被访者以压力，影响采访工作。因此你的穿戴要使人感到和蔼可亲，让人愿意与你接近。

国外有人曾专门对教师的服饰进行过调查，发现教师衣服的颜色、手工、款式足以影响中学生的态度、注意力和行为方式。当一位45岁左右的女教师穿着色泽淡雅、质地柔软、式样简洁的服装时，常会被学生们看作一个有权威的母亲形象。但如果年轻的女教师也如此穿着，却会造成难以驾驭的情况，她必须穿较严肃的服装才能使学生信服。总的说来，教师的服装以典雅朴素、线条流畅的款式为好，颜色可选蓝、淡绿、灰褐、骆驼黄、深红褐色等。用以上颜色搭配服装，效果较理想。女医生、女律师、女工程师、女会计师等不同职业的女性着装也有不同要求，所以，要注意结合职业特点来着装，以显示出女性的工作能力和气质风度。

想一想你所在的行业，你希望别人如何看你，你希望以后在这一领域要做怎样的发展；再看看那些职位比你高的人，他们是如何穿着的。如果你想得到升职，那么就为你的着装而行动吧。

第二节
形象是命运的助推器

好形象有时胜过好成绩

虽然人们经常说人不可貌相,但社会上的一些人却每时每刻都根据你的服饰、发型、手势、声调、语言等自我表达方式来判断你。无论你愿意与否,你都会留给别人一个关于你形象的印象。

有多少人拿着高学历文凭却不得赏识?有多少优秀的人才一直在一个位置上停滞不前,是他们不努力,还是缺乏才智?都不是,而是他们没有从形象上展示出他们的潜力,他们的形象就让人相信:"他不适合更高的位置!"人们总是相信,工作效率、能力、可靠性及勤奋工作是让他们有机会提升的重要条件,但并不是仅有这些条件,你就能在工作中被赏识、被提升。忽略了对整体形象的塑造,既得不到上司的注意,又得不到同事的承认。

有位公司经理曾说过这样一个故事:

有位女同事其实工作能力很强,与同事相处也都很融洽,唯一美中不足的是:她的外表实在有点邋遢,不喜欢化妆,也似乎对自己的不修边幅毫不在意。那位女同事常常搞不懂为什么自己工作认真努力,升迁却总轮不到她?这位经理说:"其实,旁观者都看得出来,这是因为她的外表实在很吃亏,而不是工作能力的问题,可是谁又能开口告诉她呢?每每遇上重要的事情欲让她接洽,却总会担心客户以貌取人,认为这是一家不注意形象、不专业、不敬业的公司，毕竟公司要注意自身的形象。"

有时一个人的内在很专业，而外在不够专业或者毫不在意，都会直接地影响到别人对你能力的肯定。因为一个衣着邋遢、穿衣都不分场合的人，实在难让人相信会是一个有智能、对自己的专业领域能掌握、平时对环境变化有足够掌控能力的人。

美国得克萨斯州立大学奥斯汀分校在对 2500 个律师进行调查后发现，形象甚至还影响着个人收入，外表形象有魅力的律师的收入高于其同事 14%。美国纽约州立大学管理学对《财富》排名前 1000 位的首席执行官进行调查，96% 的人认为形象在公司雇人方面是极为重要的，尤其是对那些要求可信度高的工作和与人打交道的工作，如市场、销售、金融、律师、会计等。

所以，良好的形象比你的文凭更重要，它决定了你给别人的第一印象，很大程度上也决定了你的成功与否。有的时候，良好的形象甚至比你的能力更重要，只有展示出一个与期待职位相符的形象，展现出一个可信、有潜力、值得信任的形象，你才能有更大的发展空间，上司和同事才能相信你适合更高的职位。

好形象能够推动成功

说到形象的重要性，很多人可能会说：一些成功人士的衣着非常随便，并不非常注重外表形象，但他们不是一样取得了巨大的成功吗？这难道不能说明形象对一个人并没有太大的影响吗？但是对于企业的领导者和管理者，以及那些在传统和保守的行业中工作的人，如银行、金融、会计、律师业等，或者那些从事企业的市场、销售等与社会群体、个体接触的工作者，更应该精心地设计自己的形象。

无论是哪个行业的精英，都要有良好的形象，匹配其在公众眼中的最优印象。时代精英都有沉着、自信、坚强的形象，有成竹在胸、驾驭市场的大家风范，同时还有其所在行业的特点。无论发型、妆容、服饰都要突出这种风度，突出这种发自你身上的无声的信息。人们从这里不仅能读到你个人的风貌和你的自信，更能读出你的企业的发展状况。

1991年，比尔·盖茨将要在拉斯维加斯发表演讲。但是，演讲并不是比尔·盖茨的强项。为了使自己以更好的形象出场，比尔·盖茨专门请来了演讲博士杰里·韦斯曼为自己的演讲进行指导。韦斯曼在演讲辅导方面是一位专家，经验非常丰富，曾经帮助几个电脑公司的高层经理克服了对演讲的恐惧感。他从比尔·盖茨的演讲词到手势、表情都进行了重新设计，他们在一起排练了12个小时。比尔·盖茨演讲时，熟悉比尔·盖茨的人都非常吃惊，只见比尔·盖茨一改往日随意的形象，穿了一套昂贵的黑西服。他那尖锐的嗓音虽然无法改变，但丝毫没有影响到他的演讲。结果，这场主题为"信息在你的指尖上"的演讲传遍美国，获得了巨大成功，比尔·盖茨的全新形象也给人们留下了深刻印象。

即使成功如比尔·盖茨，也依然要注意个人形象。可见，得体的形象可能会对你的成功起到推动作用。

保持好形象，成功机会多

　　张先生是一家企业的董事长兼总经理，因为工作忙碌，他总没时间注意自己的穿着。一次，因为外商来得匆忙，张先生没来得及换衬衣，衬衣的领口部分不太干净，有点花哨的领带也没有系正，领带、衬衣与西服的样式搭配也不和谐。他喜欢把一些零碎的东西装在上衣或裤子口袋里，弄得鼓鼓囊囊，裤子的裤线也不明显，鞋面上落有灰尘和水渍。

　　外商是法国巴黎某公司的总经理，他的穿着整洁、高雅，恰到好处地衬出他的风度和气质。当张先生和外商在会议室见面时，这个法国人望着张先生的服饰，脸上露出一丝惊诧。虽然翻译小姐解释说，因为经理特别注重效益，刚从车间出来，来不及换服装。但在后来的谈判过程中，外商仍毫不客气地说："我对贵公司的经营实力表示怀疑，一个企业的总裁是企业的代表，然而，您的衣着却给人一种陈旧、落后的感觉。在我们看来，没时间从来都不是一种借口。从这一点上我可以推断这个企业不太注重产品的形象设计。"张先生听了这番话，顿感羞惭，没想到由于自己的衣着疏忽，耽误了一笔大生意。

　　我们时常可以听到这样的抱怨："工作太忙，我哪儿还有时间注意自己的形象啊！""不是我不想有好形象，实在是因为没时间啊！"很多人会认为工作是第一位的，只要工作做好了，一切就都好了。殊不知，这样做会带来不少问题。

邋遢的形象会给别人造成做事不认真、三心二意、拖泥带水的错觉，很难让人产生信任感。张先生就因为自己的形象失去了机会。一个成功者的形象，展现在他人面前的应该是自信而有尊严、有能力的。它不仅仅反映在别人的视觉效果中，同时也是对自己的一种激励和鞭策。它让你对自己的言谈举止、行为方式等有了更高的要求，对自己的内在素质也有了更多的要求。那些以忙为借口而不注意自身形象的人只会让自己失去更多。

一个人有没有良好的形象，形象有没有魅力，已经成为社交活动中是否占有优势、能否取得主动的一个重要因素。形象是很重要的，特别当你希望别人在同你接触的最初几分钟就愿意接受你时，形象对于你来说就越发重要。形象佳者容易被人们所接纳、所喜欢；形象不佳者则常常遭到冷遇。形象佳者每每能化险为夷，拥有机遇；形象不佳者则往往举步维艰，困难重重。成功者想要保持优势，需注意良好的形象；失意者要想摆脱困境，也往往从调整心态、重塑形象着手。

所以，保持一个光彩照人的好形象，让好形象融入我们的人生，让好形象帮助我们建立人生的自信，融洽我们的人际关系，我们就可能拥有成功的人生。

热情的形象影响人生际遇

巴尔扎克曾经这样赞誉热忱："热忱是普遍的人性。没有了热忱，便没有宗教、历史、浪漫和艺术。"热忱一旦充于心胸，人便会有百倍于身体的力量投入到人生的演出中。它可以使最愚蠢的人变得聪明起来。正如泰戈尔所说："热忱，是鼓满船帆的风。风有时会把船帆吹断，但没有风，帆船就不能航行。"所以，如果你想掌控好人生这条船，就要懂得享受热忱的海风，点燃热忱的心灯，用热忱引领你的人生到达彼岸；而如果你想拥有强大影响力、成为引航者，那就将热忱传递给途中的朋友们，让大家都登上人生更高的阶梯。

塞克斯是美国马萨诸塞州詹森公司的一位推销员，凭着高超的推销技艺，他叩开了无数经销商的大门。

一次他路过一家商场，进门后先向店员做了问候，然后就与他们聊起天来。通过闲聊，他了解到这家商场有许多不错的条件，于是想将自己的产品推销给他们，但却遭到了商场经理的严厉拒绝。经理直言不讳地说："如果进了你们的货，我们是会亏损的。"塞克斯岂肯罢休，他动用了各种本领试图说服经理，但磨破嘴皮都无济于事，最后只好十分沮丧地离开了。他驾着车在街上溜达了几圈后决定再去商场。当他重新走到商场门口时，商场经理竟满面堆笑地迎上前，不等他辩说，经理马上决定订购一批产品。

这一出乎意料的结局使塞克斯惊诧莫名，在他的一再追问下，最后商场经理道出了缘由。他告诉塞克斯，一般的推销员到商场来很少与营业员聊天，而塞克斯首先与营业员聊天，并且聊得那么融洽；同时，塞克斯是第一位被他拒绝后又重新回到商场来的推销员，他的热情感动了经理，因此也征服了经理，对于这样的推销员，谁能忍心拒绝呢？

工作中，我们要想获得更多的机遇，脱颖而出，必须时刻保持对工作的热情。只有当这种热情发自内心,又表现为一种强大的精神力量时,才能征服自身与环境,创造出越来越好的工作业绩,使你在激烈的竞争中立于不败之地。热情就如同生命。凭借热情,我们可以释放出潜在的巨大能量,发展出一种坚强的个性;凭借热情,我们可以把枯燥乏味的工作变得生动有趣,使自己的形象充满活力。历史上许多巨变和奇迹,不论是社会、经济、哲学或是艺术的研究和发展,都是因为参与者百分之百的热情才得以进行。只有这样你才会懂得,原来每天平凡的生活竟然是如此充实和美好。

少数人的热情产生于与生俱来的信念,但对于绝大多数的普通人来说,热情的潜力则通过后天的培养而产生。充满热情的人,他们的热情并不在于专挑自己喜欢的事情做,而在于发自内心地喜欢自己所做的工作。

美国通用食品公司总裁弗朗克说:"你可以买到一个人的时间,也可以买到一个人到指定的工作岗位,还可以买到按时计算的技术操作,但你买不到热情,而你又不得不去争取这些。"热情是驱使人们永远向上的动力。凭借着热情产生的巨大能量,我们的形象和人生都会变得绚丽多彩。

不服输的形象会打动命运之神

1796年的一天,德国哥廷根大学,一个很有数学天赋的19岁青年吃完晚饭,开始做导师单独布置给他的每天例行的三道数学题。前两道题他在两个小时内就顺利完成了。第三道题写在另一张小字条上，要求只用圆规和一把没有刻度的直尺，画出一个正17边形。时间一分一秒地过去了，第三道题竟然毫无进展。这位青年绞尽脑汁，但他发现，自己学过的所有数学知识似乎对解开这道题都没有任何帮助。困难激起了他的斗志：我一定要把它做出来！他拿起圆规和直尺，一边思索一边在纸上不停地画着，尝试着用一些超常规的思路去寻求答案。当窗口露出曙光时，青年长舒了一口气，他终于完成了这道难题。见到导师时，青年有些内疚和自责。他对导师说："您给我布置的第三道题，我竟然做了整整一个通宵，我辜负了您对我的栽培！"

导师接过学生的作业一看，当即惊呆了。他用颤抖的声音对青年说："这是你自己做出来的吗？"青年有些疑惑地看着导师，回答道："是我做的。但是，我花了整整一个通宵。"导师让他坐下，取出圆规和直尺，在书桌上铺开纸。让他当着自己的面再做出一个正17边形。青年很快做出了一个正17边形。导师激动地对他说："你知不知道，你解开了一桩有2000多年历史的数学悬案！阿基米德没有解决，牛顿也没有解决，你竟然一个晚上就解出来了，你是一个真正的天才！"

原来，导师也一直想解开这道难题。那天，他是因为失误，才将写有这道题目的纸条交给了学生。这个青年就是数学王子高斯。

阿里巴巴的马云曾说："创业者成功要具备三大素质：实力、眼光、胸怀，而一次又一次的失败，就是实力。"因此我们不要惧怕失败和挫折，挫折是一个人人格的试金石，在一个人输得只剩下生命时，潜在心灵的力量还有几何？没有勇气，没有不服输的精神，自认挫败的人的答案是零，只有无所畏惧、一往无前、坚持不懈的人，才会在失败中崛起，奏出人生的华章。

世界上有无数人，尽管失去了拥有的全部资产，然而他们并不是失败者，他们依旧有着不可屈服的意志，有着不服输的精神，凭借这种精神，他们依旧能成功。真正的伟人面对种种成败时从不介意，所谓"不以物喜，不以己悲"。无论遇到多么大的失望，绝不失去镇静，绝不会服输，只有这样的人才能获得最后的胜利。正如温特·菲力所说："失败，是走上更高地位的开始。"

许多人之所以获得最后的胜利，只是受恩于他们的屡败屡战。事实上，只有失败才能给勇敢者以果断和决心。并且，在失败过后，他们用自己不服输的精神，顽强地拼搏和奋斗，终于为自己赢得了成功。这样的人永远给人以自信、不服输的形象，拥有强大的自信气场，也永远不会被打败。

第三节
好形象是经营人脉的金字招牌

真诚的形象帮你构建良好的人际关系

诚信是一个人的美德,有了"诚信"二字,一个人就会表现出坦荡从容的气度,焕发出人格的光彩。自古以来,诚实守信就是一种永恒的人性之美。可以说,诚信的品格是获得成功人生的第一要素,历来被伟人们所尊崇。诚实守信不仅是一种美德,而且是构筑人脉和拓展人脉的一个基本要求。试想,如果一个人经常出尔反尔,你还愿意跟这样的人交往吗?

下面这个事例中,主人公的成功均是因为自身守信而赢得的,值得我们品味。

20年前,弗朗西斯开了一家小小的印刷厂。今天,弗朗西斯已经非常富有,并且有一个美满的家庭,还拥有一家很大的印刷公司。他在同行之间很受敬重,最重要的一点是他恪守诚信。

一个星期六下午,他跟朋友一起去钓鱼,当友人问起他的成功之道时,弗朗西斯很谦虚地说:"我生长在一个很保守的家庭,每个礼拜天全家都要去做礼拜,然后回家吃饭,听父亲为我们解说《圣经》上的故事。

"父亲很通俗地为我们讲解牧师所说的每一个道理,用很多生活上的实例来说明。从父亲的谈话中可以看出,父亲非常强调守信用的重要性。言行要一致，是父亲最常说的话。

"我上大学时家境不好，所以我就到一家印刷厂去打杂，从清扫房间到送货，什么事都干过。6年的大学生活，我都是在半工半读的情况下度过的。毕业时，我决定开一家印刷厂，当时我身边的2000美元足够我开业。虽然我的厂子是在很偏僻的郊外，但是从创业初期，我就一直遵循父亲所给予我的教诲。我将父亲的话应用到实际生活中，对每位顾客都坚守信用——这是忠诚于他们的最根本的方式。

"如果成品不够精美，我就免费重做一次（时至今日，弗朗西斯还信守这个原则）。此外，我交货也很准时，即使有时连续两三天没睡，我还是信守承诺。就这样，我开始赚钱了，并在三年后拓展了我的事业，使我有能力购置更大的厂房和复杂的设备。但就在这时，我遇到了考验。有一个周末，一场大火把我的厂子燃烧殆尽。保险公司只负责一半的损失，此时我负债累累。我的律师、会计师和主管都劝我宣告破产，但我没有这样做，因为我要勇敢地面对我的问题。那时实在是不容易，但是我还是偿清了所欠的债务，并且重新开始。由于我的承诺，赢得了所有债权人和厂商的信赖。

"他们简直不敢相信，我真的偿还了所有的债务。从那次火灾以后，我的事业一帆风顺。过去的五年间，我的业务增长率高达25%到35%。言归正传，你问我的成功之道是什么，我的回答是：信守承诺。如果没有父亲昔日的教诲，我是不会有今天的。"

李嘉诚先生曾经总结道："做事先做人，一个人无论成就多大的事业，人品永远是第一位的，而人品的要素就是诚信。"因为诚信是一种长期投资，唯有长期遵守诚信的原则，才能建立和维护你的信誉、品牌和忠诚度，也才有可能得到可持续的成功。

很多人把信誉看得非常重要，视它为自己成功必不可少的一个因素，这是正确的。不讲求信誉，不仅会给别人造成损失，同时也会使你失去很多东西，使人们都逐渐地远离你。有的人在人际交往过程中，凭借一两次蒙骗而使自己的阴谋得逞，但这种伎俩绝对不可能长远。俗话说，"群众的眼睛是雪亮的"，这种蒙骗一时的行为迟早会被人们发现。如果你是一个不讲信誉的人，只要有一个人知道，用不了多长时间，所有的人就都会知道，那时候，你就会陷入一种非常难堪的境地中，没有谁会主动来和你交往，甚至还会故意冷落你、躲避你。这样，无论你办什么事情，走到哪里，四面八方都会是厚厚的一堵墙，更别希望别人帮你办事了。

亲和力是你吸引他人的能量

林瑶是一家化妆品公司的老总，她最不能接受的事就是凯迪拉克轿车的推销员开着福特轿车四处游说，人寿保险公司的经理自己不参加保险。所以，她要求公司的所有职员都要用自己公司生产的化妆品。

有一次，她发现刘菲正在使用另外一家公司生产的粉盒及唇膏，看到老板出现，刘菲吓得赶紧收了起来。林瑶走到刘菲桌旁，微笑地说道："老天爷，你在干吗？你不会是在公司里使用别的公司的产品吧？"她的口气十分轻松，脸上洋溢着微笑。刘菲的脸微微地红了，不敢吱声，心想这下该挨批了。但是，林瑶并没有发火，什么都没说就走开了。

第二天，林瑶送给刘菲一套公司的化妆及护肤产品，并对她说："如果在使用过程中觉得有什么不适，欢迎你及时地告诉我。"

后来，公司所有的新老员工都有了一整套本公司生产的适合自己的化妆品和护肤品。林瑶亲自做了详细的示范。她还告诉员工，以后员工在购买公司的化妆品时可以打折。

林瑶亲和的态度、友善的口语表达，使她自然地与员工打成一片，成功地灌输了她正确的经营理念，也使公司的生意越来越好。

亲和力易于消除人与人之间的隔膜，进而使传达者有效地把自己的思想传递给被传达者，同时也让他人喜欢你、爱戴你，就如上面例子里的林瑶一样。无论在生活还是工作中，相比起骄傲冷漠的人，那些亲切随和的人总是更受欢迎，美貌固然值得欣赏，但亲和力更得人心。拥有亲和力的人，脸上总是挂着微笑，见面时会主动和别人打招呼，与人谈话也总是用友善的口吻，从不讥讽、冷落别人，他们宽容随和，相处起来让人倍感温暖。

人们总是喜爱与谦和、温良的人交往，而不会心甘情愿地将自己置于一个威严的人之下。如何具有令人着迷的亲和力？这是芸芸众生所共同追求的一个目标。对此，只有一个关键点，那就是对别人要有发自内心的兴趣。社会上有许许多多的人，明显缺乏的便是这种对人的兴趣。其原因，大多是他们在应酬人际关系的人生舞台上既不具备天生的人格魅力，又不去努力。我们应当建立起对别人真诚的兴趣，明白我们应该怎么做、不能做什么，友好地与人相处，就能发挥我们健全人格的威力，成为具有魅力的赢家。

悉心聆听能使你获得好人缘

　　袁先生是一家天然食品公司的推销员。一天，他还是一如往常，把芦荟精的功能、效用告诉一位陌生的顾客，对方同样没有兴趣。袁先生正准备向对方告辞时，突然看到阳台上摆着一盆美丽的盆栽，上面种着紫色的植物。袁先生于是请教对方说："好漂亮的盆栽！平常似乎很少见到。""确实很罕见。这种植物叫嘉德里亚，属于兰花的一种。它的美，在于那种优雅的风情。"陌生人从容地解释道。"的确如此。会不会很贵呢？"袁先生接着问道。"很昂贵。这盆盆栽就要800元呢！"陌生人从容地接着说。"什么？800元？"袁先生故作惊讶地问道。袁先生心里想，芦荟精也是800元，大概有希望成交。于是慢慢把话题转入重点，"每天都要浇水吗？""是的，每天都要很细心养育。""那么，这盆花也算是家中的一分子喽？"这位家庭主妇觉得袁先生真是有心人，于是开始倾囊传授所有关于兰花的学问，而袁先生也聚精会神地听。

　　过了一会儿，袁先生很自然地把刚才心里所想的事情提出来："太太，您这么喜欢兰花，您一定对植物很有研究，是一个高雅的人。同时您肯定也知道植物带给人类的种种好处，带给您温馨、健康和喜悦。我们的天然食品正是从植物里提取的精华，是纯粹的绿色食品。太太，今天就当作买一盆兰花，把天然食品买下来吧！"结果对方竟爽快地答应下来。她一边打开钱包，一边还说道："即使是我丈夫，也不愿听我唠唠叨叨讲这么多，而你却愿意听我说，甚至能够理解我这番话。希望改天再来听我谈兰花，好吗？"

之后，两人成为朋友，经常一起讨论兰花和天然食品等，经这位女士的介绍，袁先生认识了更多对这方面感兴趣的人，也因此推销出了更多的芦荟精。

这一结果出人意料，但并非在情理之外。实际上，袁先生在倾听的过程中就一步一步地影响着对方，给对方留下了好印象。其实，人性的弱点在于总想让别人认识自己、理解自己、肯定自己，而不愿主动去理解别人、承认别人。谁不想获得别人的理解和承认呢？那些主观意识比较浓、以自我为中心的人很难获得别人的理解和承认，主要是因为其要求别人给予自己的太多，而不懂得如何向别人奉献。一个只懂得索取而不懂得奉献的人，他的形象是那么自私，怎能获得好人缘呢？所以，要提升自己的形象，扩大自己的人脉，就要求我们更要悉心聆听对方的心声。

有些人在与陌生人初次谈话时，总喜欢自卖自夸、喋喋不休，让对方在大多数时间内听自己说，其实这是错误的。如果你想在对方心中留下好印象，提升自己的影响力，那么就让对方尽情地说话。

有一位销售员在参加了有关口才和人际关系方面的素质训练之后才发现，他之所以不受人欢迎，不是他说得不好，而是他说得太多。他不愿倾听他人说话，生怕自己处于下风。他说很庆幸参加这次训练，他决定按训练课的要求，在交谈中多让别人说话，试着运用倾听技巧。一开始他很不习惯，只是强迫自己按课程要求去做，慢慢地他发现了倾听的益处，并且也渐渐学会了一些倾听的技巧，这对他鼓舞不小。

之后，每当他发现有人在谈论什么时，他便不声不响地凑过去，认真听他们说，并力争融入他们的话题。有时候，他想了一些容易回答的问题去引起他们谈话的兴趣。他惊讶地发现，他的同事们果真改变了对他的态度，他们慢慢喜欢和他交谈了。后来，他感慨万分地说："我感到'倾听'真是有用，它给我的帮助太大了。它既让我赢得了人缘，又使我赢得了更多的业务和金钱。"

在倾听的过程中，你如果能耐心地倾听对方说话，无形中，你让说者的自尊得到了满足，使他感到了自己说话的价值。反过来，说者对听者的感情就会发生一个飞跃，"他能理解我"，"我终于找到了一个倾诉的对象"，于是，二人心灵的距离缩短了，倾听使两人成了好朋友。所以，善于倾听也是一种很好的"说话"，看似你处于被动状态，实际上你在无形中树立了亲和有礼的良好形象，吸引了对方的注意，并且在不知不觉中为你的人脉打下了良好的基础，这可以说是以退为进的一个有力的例证。

热情不过度，人脉才稳固

萧潇不久前参加了一个社交聚会，交换了一大堆名片，握了无数次手，也搞不清楚谁是谁。几天后，她接到一个电话，原来是几天前见过面也交换过名片的"朋友"，因为那位"朋友"名片设计特殊，让她印象深刻，所以记住了她。这位"朋友"也没什么特别的目的，只是和她东聊西聊，好像两人已经很熟了一样。萧潇不大高兴，只见了一次面，她就这样打电话来聊天，让她感到很别扭，而且也不知和她聊什么好！

　　类似的情形常会出现，以这位"朋友"来看，她可能对萧潇的印象颇佳，有心和她交朋友，所以主动出击，另外也有可能是为了业务关系而先行铺路。不管基于什么样的动机，她采取的方式都犯了人际交往中的忌讳——操之过急。

　　做什么事情都不可能一蹴而就，经营关系、建立人脉也是如此，即使是同性朋友之间，也不要"热情过度"，让别人消受不起。保持不过度的热情、持续地接触，这样拓展出来的人际关系才是稳固可靠的。

　　拓展人际关系是社交场上的必然行为，但在社会上，有一些法则还是必须注意，才能达到预期的效果，而不致弄巧成拙。这个法则为"一回生，二回半生不熟，三回才全熟"，而不是"一回生，二回熟"。"一回生二回熟"还太快了些，"一回生，三回熟"则是渐进的。之所以要"一回生，二回半生不熟，三回才全熟"是因为如下三个原因：

　　第一，每个人都有戒心，这是很自然的反应，一回生，二回就要"熟"，对方对你采取的绝对是"关上大门"的自卫姿态，甚至认为你居心不良，因而拒绝你的接近。名人、富有或有权势之人，更是如此。

　　第二，每个人都有"自我"，你若一回生，二回就要"熟"，必定会采取积极主动的态度，以求尽快接近对方。也许对方会很快感受到你的热情，而给你热情的回应，可是大部分人都会有自我受到压迫的感觉，因为他还没准备好和你"熟"，他只是痛苦地应付你罢了，很可能第三次就拒绝和你碰面了。

　　第三，如果对方是异性，你的过度热情可能会导致对方的误会，如果他并无此意，必然故意疏远回避你，再想联络就很难了；而如果对方正有此意，而你的本意只是想和他做普通朋友，岂不是更加尴尬？

"一回生，二回熟"的缺点还不只上面提的几点。由于你急于接近对方，所以很容易在不了解对方的情形下，以自己作为话题，以此来持续两人交谈的热度，这无疑是暴露自己，若对方不是善类，你岂不是自投罗网吗？

在现代社会生存发展，的确需要拓展人际关系，积累人脉，但这是需要时间的。太过心急，只会引起对方的反感而逃避。建立人脉需要真心、热心，也需要耐心，"小火慢炖"出来的友谊才能醇香持久。

主动，你已赢得了成功人脉的一半

在人际交往中，主动进攻不仅是一种行为风格，从思想上讲，更是一种主动谋略。你越主动，认识的人越多，公共关系越好，你就越容易成功。

社会是一个以人为主的社会，人的一切活动、交易、成就，都要从人与人的接触中产生。在社会生活中，别人供给你所需，也肯定你的贡献，所以，你认识的人愈多、公共关系愈好，就愈容易成功！

同时，现实也注定了你必须主动去经营你的人脉，主动出击也就意味着你成功了一半。而选择放弃，本来应该属于你的东西你也就不再拥有。

人生有些事情，个人是无法选择的。例如，你无法选择自己的父母，无法选择自己的亲戚，也无法选择自己出生的时间和空间等。但是，一个人在长大成人，尤其是经济自立之后，你可以自由选择营造你的人脉网，结交什么样的朋友，构成什么样的人际关系。这是我们最大的自由。

实际上，许多人都囿于个人生活与工作的狭小范围与具体环境的局限，除了自家人和亲戚关系，还有同学、同事、朋友和熟人，都是"顺其自然"、被动形成的。许多中年人和老年人大多过着"两点一线"的生活，就几十年如一日地在家庭和工作单位之间来往。但作为个人，有意识地选择和结交朋友、有意识地建立自己的信誉、经营人际关系的依然寥寥无几，这是经营人脉的遗憾。

我们经常会遇到这样一种场面：在生日宴会上，几个好朋友聚在一起欢天喜地地玩玩闹闹，而旁边有人只是一声不吭地吃着东西，没有加入那些人的行列中。这样的人实际上是白白放弃了扩大自己交际圈的好机会。如果能主动争取和别人交流，那就会为自己开拓一个自己不曾了解的崭新世界，也会促进自己的成功。

那么，怎样才能和对方良好地交流呢？有这样一句话："对方的态度是自己的镜子。"在日常的人际交往中，有时自己感觉"他好像很讨厌我"，其实这时正是自己讨厌对方的征兆。因此，对方也会察觉到你好像不喜欢他。在出现这种情况时，要敞开心扉主动与对方交流。

"对方愿意接近我，我也愿意和他交谈"，"对方如果喜欢我，我也喜欢他"。如果用这种被动的姿态与人交往，那你永远也不会建立起和谐友好的人际关系。要想使自己拥有和谐友好的人际关系，使自己每天的心情都轻松愉快，就必须采取积极主动的态度与人交流。

要想拥有和谐的人际关系，必须主动与人交往。一切自卑的、畏首畏尾和犹豫不决的行为，都只能导致人格的萎缩和为人处世的失败。所以，拿破仑说，进攻是"使你成为名将和了解战争艺术秘密的唯一方法"。

在交际中亦是如此。主动进攻，可以使人了解到社会、人生中所具有的意义。也可以说，寻常人生交际，也是一场不流血的、平静温和的战争。因此，主动进攻不仅是一种行为风格，从思想上讲，更是一种主动谋略。

不管你从事的是什么工作，习惯于守株待兔的人都会被淘汰出局。任何一件事都不能靠等待去完成，抱有这种态度的人最终只会一事无成。只有躬身自省、主动做事，才有成功的可能。

虽然道理说起来很简单，但也避免不了人们心里对主动交往的许多误解。例如，有的人会认为"先同别人打招呼，显得自己没有身份"，"我这样麻烦别人，人家肯定反感我"，"我又没有和他打过交道，怎么会帮我的忙呢"，等等。其实，这些都是害人不浅的误解，没有任何可靠的事实能证明其正确性。但是，这些观念实实在在地阻碍着人们，阻碍了人们在交往中采取主动的方式，从而失去了很多结识别人、发展友谊的机会。

当你因为某种担心而不敢主动同别人交往时，最好去实践一下，用事实去证明你的担心是多余的。不断地尝试，会积累你成功的经验，增强你的自信心，使你在工作场合的人际关系状况愈来愈好。

拥有丰富多彩的人际关系是每一个现代人的需要。可是，现实生活中，很多人的这种需要都没有得到实现。他们总是慨叹世界上缺少真情、缺少帮助、缺少爱，那种强烈的孤独感困扰着他们，使他们痛苦不已。其实，很多人之所以缺少朋友，仅仅是因为他们在人际交往中总是采取消极的、被动的退缩方式，总是期待友谊从天而降。这样，虽然他们生活在一个人来人往的工作场所，却仍然无法摆脱心灵上的寂寞。这些人，只做交往的响应者，不做交往的主动者。

你要明白，别人是没有理由无缘无故对我们感兴趣的。因此，如果想赢得别人的友情，与别人建立良好的人际关系，你就得勇敢而大方地与别人交往。相信，只要主动你就会赢得成功人脉的一半。

第二章

人靠衣装美靠靓妆

第一节
以貌取人是不变的法则

以貌取人是人类的本性

孔子有一个弟子叫澹台灭明，字子羽，长得很难看，而且不注重自己的衣着。孔子据此认定他资质低下，不会成才。但是子羽学习很努力，遵循孔子的教导，致力于修身实践。后来，他游历到长江时，赢得了很高的声誉，有三百多弟子追随他，各国诸侯都在传颂他的美名。孔子听说了这件事后感慨地说："以貌取人，失之子羽。""以貌取人"的说法就是这么来的，意思是说根据外貌来判断一个人品质的好坏，往往会判断错误。虽然大家都知道这是片面的，但是不可否认，大部分人都在这么做。

以貌取人的"貌"包含两部分的内容：一方面指仪表，包括长相和身材；另一方面指着装，包括衣服和配饰。实际上仪表和着装是密不可分的，漂亮的仪表是由大方、得体的着装烘托出来的。俗话说"三分长相，七分打扮"，得体的着装可以让一个长相一般的人看起来仪表堂堂，而一个貌比潘安的美男子，如果穿得破破烂烂也不会给人留下好印象。因此一个人外貌的美丑很大程度上会受到着装的影响。很多时候，人们就是根据一个人的着装打扮来衡量一个人的水平。

"以貌取人"是个普遍现象，不仅中国如此，在国外，人们同样会根据一个人的穿着对这个人做出评价。美国布兰迪斯大学心理学女教授吉布维丝指出,以貌取人是人类从进化过程中得来的本能,来源于人们爱美的社会心理。人们习惯于把穿着漂亮的人与才华出众、品位高雅、真诚善良,甚至健康、乐观、积极向上等优秀品质联系起来。反之亦然。因此,当两个人同时出现在我们面前时,我们很容易对着装有品位的人产生好感。貌美之人甚至更容易得到他人的好感和帮助,更容易获得成功。

其实"以貌取人"是有一定的道理的,因为刚开始与一个人接触时,我们无从了解他更多的信息,只能根据他的仪表、着装来判断他是个什么样的人。正如马克·吐温在小说《百万英镑》中所描写的,就算你身揣一张百万英镑的支票,但你衣衫褴褛,不管你是到大商场还是去星级酒店,都没有人会理睬你,原因很简单——你看起来不像有钱人。通过着装来判断一个人的经济条件,不失为一个简单而有效的方法。

"以貌取人"从来都不是一个褒义词,但是只要细心观察一下我们的周围,就会发现这是一个普遍存在的现象。从男女双方择偶到公司招聘职员,甚至选民给政治家投票,在很大程度上都是"以貌取人"。有人说这是一个以貌取人的年代,事实上,从古至今"以貌取人"都是一个不曾改变的法则。

既然知道"以貌取人"是人类的本性,为什么不迎合这种习惯从而为自己的成功之路提供便利呢?修养和气质的培养不是一朝一夕的事,但是我们可以很快改变自己的衣着打扮,合理的着装打扮可以使自己看上去更精神、更体面,让别人通过你干净、整洁、优雅、高贵的着装对你产生信任感,从而得到更多的机会。

一见钟情"钟"外表

　　一见钟情是很浪漫的事，但是必须有一个前提，即男女主角一定要有漂亮的外表，否则很难实现一见钟情。尽管内在的美可以而且应该被发现，但是"一见"之下太仓促。如果对方仪表堂堂，你还来不及细细考察对方是否善良、是否有才能就已经为对方的外表所倾倒了；相反，如果对方衣装不整，看了第一眼之后不想看第二眼，远远躲开还怕来不及，怎么可能会一见钟情呢？国内外社会心理学家的实验证实，对方的美貌在一见钟情中具有关键的作用，人们经常想当然地赋予外表漂亮的人更多优秀的品质。

　　不管嘴上怎么说，其实每个人心目中的白马王子或白雪公主都应该是至善至美的，因此见到的那个人至少要外表漂亮才能符合心中的标准，才会有一见钟情的可能。《红楼梦》中的林黛玉和贾宝玉是一见钟情。贾宝玉看到林妹妹"如姣花照水"，"似弱柳扶风"，顿时觉得好像以前在哪儿见过。而黛玉眼中的宝玉则是"鬓若刀裁，眉如墨画，面若桃瓣，目若秋波"，"戴着紫金冠，勒着金抹额，穿着大红箭袖，蹬着小朝靴的年轻公子"，若不是"看其外貌，最是极好"也不用为他愁肠郁结乃至送了性命。试想，如果贾宝玉是个穿着下人衣服、脏兮兮的小厮，孤傲的林黛玉恐怕看都不会正眼看他；而若林黛玉相貌丑陋，举止粗俗，再穿上刘姥姥的行头，贾宝玉恐怕也要敬而远之了。

　　莎翁笔下的《罗密欧与朱丽叶》同样是一见钟情的典范。可是在罗密欧见到朱丽叶之前，他还在为一个叫罗瑟琳的美丽女子沉迷，看到朱丽叶之后觉得"火炬远不及她的明亮；她皎然悬在暮天的颊上，像黑奴耳边璀璨的珠环；她是天上明珠降落人间"。于是立刻否定了比不上朱丽叶美貌的前任恋人，得出"以前的恋爱是假非真，今天才遇到绝世的佳人"的结论。可见所谓"一见钟情"完全是建立在美丽的外表基础上的。如果朱丽叶不如罗瑟琳漂亮，那么罗密欧的爱情史就要改写了。

文学作品中的一见钟情都是以美丽外表为前提的，现实生活中同样如此。比如我们经常看到有人为了相亲精心地挑选服装，细致地打扮自己，为的就是给别人留下一个好印象。因为所有美好的感觉和遐想也许都是看到对方第一眼时所引起的，而第一眼能看到的就是你的着装。

要想在爱情上取得成功，一定要在着装打扮上下功夫，首先在外貌上赢得异性的好感，才有进一步发展的可能。女性要根据自身的特点找到适合自己的着装风格，只有灵活掌握了着装之道，善于通过衣着展现自己的女性魅力，才能赢得异性的青睐。现在虽然不再是传统意义上的"女为悦己者容"的时代，但是你同样需要把最美丽的一面展现出来，才可能得到异性的认可。男性则要穿出男人的气概和风度，用你的衣着证明你事业有成、稳重、可以信赖。即便不是对穿衣之道特别精通，至少应该穿得大方、体面。

多数企业以貌取人

　　如果你认为真正知才善用的企业不会以外表衡量人的能力，那你就错了。多数企业在招聘员工时，都会根据应聘者的着装决定是否录用。有人曾对《财富》排行榜前 300 名的公司总裁进行调查，结果有 93% 的人会因为应聘者不得体的穿着而拒绝录用。

　　一个看中自己声誉和形象的企业应该而且必须注重员工的形象。进入世界 500 强的企业每年要花费亿万资金维护自己的形象。作为最有价值的无形资产，企业形象是通过企业员工的形象直接反映出来的。优秀的员工形象比广告中的美女俊男更能代表公司的形象和企业文化，而且更有说服力；而糟糕的员工形象会严重损害公司的形象，毁坏公司在客户中的声誉，最终会影响公司的利润。许多公司把员工的着装作为重要素质进行考核，因为客户会根据员工的穿着判断公司的可信度和产品的质量。客户会根据销售员衣着的专业化程度判断这个公司是否可信、在行业中是不是处于领先地位、是否有优秀的企业文化、是否能够长久存在并且不断壮大等。如果客户见到的销售人员都是穿着随便、不注重自己形象的人，他们自然会对以上问题做出否定的回答，然后放弃与这家公司的合作，转而购买其他公司的产品。即使这个企业有几十亿资产，如果它的员工个个破衣烂衫，也没有人会相信它的产品。一家中型的装饰服务公司在员工着装规则中写道："无论你是否与客户直接接触，都要时刻保持干净整洁的着装，因为你的形象代表着本公司。"因此,为了维护自身形象和企业文化,企业在录用新人时,着装是否得体是很重要的考察标准。

针对这一现象,求职者在面试之前有必要对企业文化进行比较详细的了解,然后选择能够迎合这种企业文化的着装。文化上的认同,可以给面试官"自己人"的感觉,帮你顺利通过面试,并且能够很快地融入公司的文化。

另一方面,应聘者的着装提供给面试官很多个人信息,这些信息所表达的并不是仅仅局限于应聘者外表的美与丑,而是能够体现出一个人的综合素质。面试官会参考这些因素决定是否录用这个人。如果一个应聘者穿着松松垮垮的休闲服去面试,那就等于告诉面试官"我不在意这份工作",自然不会得到面试官的重视。如果应聘者穿着脏兮兮的服装去面试,面试官会认为"这个人连自己的形象都打理不好,怎么会把工作做好"。相反,一个身穿正装的求职者则被认为懂得尊重别人,不但看重这份工作,还为此做了精心准备,甚至会认为他具有胜任这份工作的潜质。

如果着装不得体,即使你的学历、工作经验、口才都在证明你的能力,面试官也会对你产生怀疑,因为你的外表与你展示的能力不相符。有些人有很高的学历或者丰富的经验,对自己的能力非常自信,于是穿着随意的衣服就去面试,结果被用人单位拒绝。我们应该以此为鉴,面试之前一定要检查自己的着装有没有漏洞。着装的事看似不大,但它真的能左右一次面试的成败。得体的穿着会给你加分,不当的穿着则会破坏你的整体形象。

BQ：职场通行证

职场竞争中除了 IQ（智商）、EQ（情商）及 AQ（逆境商数）之外，BQ（美感商数）也是让你脱颖而出的一个指标。BQ 是目前全球企业用人时进行人力资源测验的新标准，指的是 Brain(脑力)、Beauty(美力)、Behavior(行为力)，内外兼修所形成的 Brilliant(出类拔萃)。其中"美力"在职场竞争中的微妙但又很重要的作用越来越引起人们的重视。

这是一个讲究个人品牌的时代，要想取得全方位的成功，能力不再是唯一因素。你必须多元化地经营自己，先把自己变成精品，才能得到别人的认可。美丽的门面、得体的装束，所表达的不只是你有漂亮的外在形象，还能告诉别人你有很强的美感意识和美感认知能力。对"美感"的正确理解和灵活掌握，能够帮你轻松扩展人脉，让你在激烈的职场竞争中平步青云。

从通过面试进入职场，到职位的不断升迁，美感在职业生涯中起着不容忽视的重要作用。具有较高美感商数的人更容易得到上司的信赖，因而能得到更多的机会。应聘同一职位的两个人，如果其他条件相当，比较具有美感的人更容易被录用；同样具有提升机会的两个人，比较具有美感的那一个更容易获得升迁。因为具有美感的人给人的印象是他能够轻松胜任这份工作。

很多职场中人抱怨自己工作那么努力，业绩也不错，却总是升迁无望,眼睁睁看着比自己资历低的人都爬到自己头顶上去了。形象设计大师纷纷指出,那些工作能力很强但在职场升迁竞争中遇到瓶颈的人,往往认为着装是表面文章,上司真正看中的是工作能力而不是漂亮的外表。他们忽视了"美感"在体现个人能力方面的重要作用。在老板眼中,尽管你的工作能力很强,但是要想进入领导层,你还需要完善自己的整体形象,提高自己的美感商数。着装的美感程度还可以反映出员工的心态是安于现状还是积极上进。

小张和小李毕业于同一所大学,毕业后同时进入一家电讯公司。他们分别负责公司同样的项目,业绩不相上下,工作同样认真负责。但是两年后小张已经做到了项目经理,小李还在原来的岗位上停步不前,三年后公司裁员时小李被辞退了。导致二人不同命运的原因就是对"美感"的不同理解。小张很注重自己的着装,经常穿一身有品位、有档次的正装出现在领导面前。小李却对小张的做法嗤之以鼻,认为穿漂亮衣服是爱慕虚荣的表现,所以三年来他一直穿劣质的化纤西服。他不知道其实企业最想培养的还是上得了台面的人,因为这也关系到公司的形象。某咨询公司的人事部负责人认为,一个普通员工是否有机会提升为高级经理,几乎完全取决于他的职业形象是否符合这一职位的要求。一位房地产老总被问到裁人的原则时说:"从穿得最差的开始。"

建立和谐的同事关系对职业发展有重要影响。很多人都是因为无法跟同事相处才不得不离开自己喜欢的工作。具有较高美感商数的人,更容易得到同事的支持与帮助。在工作中穿着得体,能够赢得同事的认可,穿着失当有可能受到歧视。因此在职场中要想建立融洽的同事关系，就要学会适度地展现自己的"美力"。

职场中除了要面对上司和同事之外，还要与工作对象搞好关系。具有较高美感商数的人更容易获得客户及其他工作对象的好感，从而在开展业务时能够如鱼得水，应付自如。社会心理学领域的一项调查研究表明，美感的确能提升个人在职场中的竞争力。这项研究涉及公司的销售经理、律师、教授等职业，在控制了组织规模、年龄、学历、家庭背景等变项之后得出这样的结论：外表漂亮的经理、教授、律师能赚得较多的利润，赢得客户和学生的青睐。

要想让自己的职业生涯一帆风顺，在不断提高自己的工作能力的同时，还要加强对自己"美力"的修炼，提高自己的"美感商数"。

第二节
服饰的强大力量

合理着装,增强自信

　　1996年,李维斯服装公司为了了解消费者穿衣的动机,进行了一次调查,结果显示,60%的人穿衣是为了增强自信。这一结果一方面告诉我们很多人缺乏自信,另一方面告诉我们通过合理着装可以增强自信。大部分人都是追求完美的,然而现实总是有种种缺憾。人们或者对自己的才能和成就不满意,或者对自己的体形和长相不满意,这些不如人意的地方就会让你表现得不够自信。

　　优秀的服装可以让你在各种场合沉着自若,因为你知道你的服装让自己在别人眼中优雅、出众。别人会因为你那出色的服装对你表示尊敬、友善,别人的态度会反过来加强你对自己的认同。优秀的服装还可以产生暗示作用,让你时刻表现出积极向上、乐观的精神风貌。

　　刚刚大学毕业的小李面试过十几家单位,都以失败告终。尽管他在学校成绩优秀,还有出色的组织和管理能力,可是找工作屡屡失败,让他很受打击,越来越没有自信了。看着同学们一个个走上了工作岗位,他很着急,于是求助于学校的就业辅导中心。辅导老师在了解情况的同时注意到他的衣服,他上身穿着一件白色的西服,下身则穿了一条牛仔裤,脚上穿着运动鞋。辅导员忍不住问他面试时穿的什么衣服,小李说:"就是这身衣服。"辅导员告诉他,穿着这样的衣服任何人都会没有自信的,建议他去买一套合身的西服套装。小李开始时将信将疑,但还是在老师的建议下选了一套深蓝色的衣服。穿在身上之后,他的腰也挺起来了,头也抬起来了。看着镜子里高大的形象,他露出了自信的笑容。随后,他以这样的姿态去面试,很快就找到了理想的工作。

大部分人不具备模特的身材,如果你因此而对自己失去信心,只能说明你缺乏着装方面的知识。因为无论高矮胖瘦,只要选择适合自己体形的服装就可以轻松发挥优势,掩盖不足,展现出自己的最佳形象,化解因为对自己的外表不满意带来的忧虑。

就职于一家外资企业的王小姐,是矮胖型的身材。她常常向朋友抱怨说法国老板总是用嘲笑的眼神看她。这让她在工作中畏首畏尾、底气不足,开会时总是躲在角落里,唯恐引起别人的注意。后来她参加了一个关于如何优化形象的培训课程,意识到通过合理着装可以让自己看起来高一些。在老师的建议下,她不再穿深色的套装、及膝裙和平底鞋,改穿有着渐变浅蓝色图案的直筒长裙和高跟鞋,以前那蓬松的卷发也改为有层次的披肩直发。经过这番整体的"改头换面"之后,不但看起来比以前高了四五厘米,而且整个人都显得比以前精神了许多。王小姐以这身装束笑容满面地在公司出现时,感觉老板和同事都在用仰慕的目光看她。从此以后,她敢于大胆地说出自己对问题的看法并提出解决方案,尽情地展现自己的才能,很快就得到了老板的重视,很多项目都让她来负责。

自信可以帮助你走向成功。很多人知道自信的重要性,只是苦于无法对自己充满信心。其实服装是帮助你增强自信最有效、最便捷的工具,如果你用尽各种办法还是无法展现自信,那么你就试试合理着装这条捷径吧。

正确搭配,增加气势

  无论是政界还是商界,领导人都处于金字塔的顶端,具有统御下属、掌控全局的职责。要想让人们听从你的指引,要想让人们对你产生敬畏之情,必须树立权威形象。领导者至少要在心理上与追随者营造一种落差,才能让追随者信服你的决策,听从你的安排。领导者要体现自己在团体中与众不同的气势,学识和能力自然是必不可少的,但正确的服装搭配同样应该引起重视。有些服装组合给人的感觉是保守的、无力的,甚至颓废的;有些服装组合则能衬托出一个人的威严和强烈的支配力。如果不懂得正确搭配,胡乱穿衣,就会降低领导者在人们心中的威信。

  于先生凭借自己踏实卖力、认真负责的工作精神,由普通员工升为部门主管。开始时他一心想和下属打成一片,还是像以前一样不在意自己的着装。这样,他确实能和下属混在一起谈天说地,但是他工作起来感觉很吃力,因为他的命令总是遭到下属质疑,没有人听从他的调遣。上级领导知道这种情况之后,很快就找到了问题的所在,建议他首先从着装上入手,建立自己的威信。于先生试着穿上能体现权威感的深蓝色的西服,搭配上同色系的衬衫和领带时,发现自己的表情都在透出一股威严的气势。尽管他没有放弃友善的、富有亲和力的做事风格，但通过选择能体现领导者风范的服装，他已经在下属心中建立了一个有权威、值得信赖的形象。

商务谈判中，很多时候为了争取最大的利益，需要营造强硬的气势压倒对方，使谈判结果更有利于自己。如果在气势上输人一截，就会失去谈判的掌控权，让自己处于被动的局面。尤其是当谈判双方以团队的形式出现时，如何营造团队的整体气势就显得至关重要了。这种气势的营造，更需要懂得如何正确搭配着装。首先，无论是谈判代表还是助理人员都应该穿正装，而代表和助理人员的着装要有所区分，当然应该突出代表的权威性；其次，为了体现出团队的整体感，代表和助理人员应该穿同一色系的服装，助理人员最好有统一的穿着；最后，服饰的选择是至关重要的。深色系的服装能体现权威感，比如深蓝色或者黑色。深蓝色最能给人胜券在握的感觉，而黑色相对来说有些谨慎并且给人压抑感。如果要佩戴饰品的话，最多戴一块金属的名牌手表。

在一次公司兼并的决策会议上，上海某公司作为兼并者，它的谈判团就是凭借统一的深蓝色西装营造了来势汹汹的气势。他们的代表穿着深蓝色双排扣西装，配浅蓝色衬衣和条纹领带，助理人员则穿着深蓝色西装，配蓝白色条纹衬衣和蓝色领带。从服饰心理学上讲，深蓝色双排扣西装与浅蓝色衬衣搭配，能够表现出强烈的自信和征服别人的欲望。果然，他们主动出击、充满自信，表现出了权威者、领导者的气势。而作为被兼并者的广州某公司的代表，穿的是浅灰色的保守西装，搭配白色的衬衫和印花领带，给人以温和的印象。这种搭配只适合协调会议时穿。助理人员有的穿西装有的穿夹克，非常不和谐。在上海公司强势作风的反衬之下,更显得没有气势,因而失去了谈判的主动权。最后上海公司以出人意料的低价收购了广州公司。

服饰的合理搭配,在个人心态和团体气势上能起到如虎添翼的作用。要想通过自己的意志支配别人,要想给别人权威感,就得学会如何正确搭配服装。尤其是通常给人温和印象的职业女性,如果处于领导者的位置或者需要参加谈判,更应该注意避免过于繁杂的设计,最好选择中性的风格,以正式的深色套装为主搭配同色系的衬衣。

服饰能让你更具说服力

从来到这个世界的第一天起,我们就要不断地推销自己、说服别人。在职场上打拼,只有那些有本事说服别人的人,才能赢得更多的机会,更快地让自己的事业走向辉煌。销售人员需要说服别人购买他们的产品,职员要说服上级给自己更多晋升的机会。怎样才能说服别人呢?除了良好的口才,出色的工作能力之外,合理的服饰也能助你一臂之力。

很多行业虽然不像医生、军人那样有专门的职业装,但是都有自己行业的服饰特色。有些行业的穿着要求严肃、庄重,比如教师、金融业;有些行业需要体现活泼、富于变化的风格,比如演员、歌手;有些行业则需要体现出较高的艺术修养和文化品位,比如画家、服装设计师。一旦你的穿着与自己所属行业的服饰特色不符,就会让人们怀疑你的专业水平。没有人会相信穿着性感的老师是一个特级教师,也没有人会相信一个穿着呆板的演员能有高超的演技。

一家服饰公司做企划宣传，需要给模特拍一些照片。当负责人看到广告公司找来的"资深"摄影师时，对他的能力深表怀疑。这位摄影师穿着深色西装和黑皮鞋，还戴着黑边眼镜，看起来非常严肃。虽然他一再解释，并拿出自己的所有获奖作品来证明自己的实力，负责人还是不放心，最终也没有让他拍摄。很快负责人找到了一位摄影界的新秀。这位摄影师穿着一身黑色的劲装，留着很有艺术家气质的长发，再加上一些最时尚的小饰品，还没有展示作品就赢得了负责人的信任，因为他的形象符合一个专业摄影师应该有的风格。

对于推销员来说，要想让人们相信你推荐的商品是同类产品中最好的，首先你得让人们相信你是这方面的专家，你了解所有的同类产品，知道什么样的商品适合什么人使用。人们往往根据一个人的着装来判断他的专业水准。一个西装革履的人和一个穿着牛仔、T恤的人同时向你推销汽车，你会相信谁？显然西装革履的人说的话会更有分量。因此，如果想让人们相信你所说的，就要在服饰上下功夫，让自己看起来像个专家。

当公司要拓展业务时，怎么让领导相信你能够独当一面，说服他把艰巨的任务交给你？当公司要提拔人才时，怎么才能让领导相信你具备管理能力，说服他提升你的职位？可以让你的着装来帮你说话。领导对他需要的角色有一定的期待，如果你的形象符合这个角色的要求，很容易让领导相信你就是他所需要的角色。

小陈进公司三年了，却始终得不到重用，一直担任助手的角色。他心里很不平衡，直到有一天他去问老板，才知道问题出在着装上。尽管他的工作能力很强,但是他那身学生装束让老板很难放心地把几百万元的生意托付给他。从此他开始学习有关着装方面的知识,力求把自己打扮成经理的样子,很快就说服老板,开始独立操作一些重大项目。

在职场中,你的着装能够反映你的角色定位,你希望自己担任什么角色就穿上适合那个角色的衣服。你的衣服会告诉人们你是这个角色最合适的人选,人们会因为相信你的衣服而相信你这个人。

人们信赖衣饰亲切的人

老板只有赢得员工的信赖才能令行禁止,政界领导只有赢得基层百姓的信赖才能得到人们的敬爱与支持,商界人士需要赢得合作伙伴的信赖才能实现长期合作,销售人员需要赢得客户的信赖才能实现销售……如何才能取得别人的信赖呢?服饰心理学家告诉我们,人们信赖衣饰亲切的人。

作为领导者的企业老板,如果一味地展现自己威严的形象,就会让员工产生抵触心理,最终不利于企业发展。当你需要表现对员工的关心时,当你想了解员工对公司一些规定的看法的时候,如果还穿着国际名牌服装来显示你的老板身份,就会让下属认为你只是走走过场,并不是真正关心他们。朴素的着装可以为你营造轻松的、没有压力的气氛,穿得随便一点能够帮你拉近与员工的距离。只有当员工对你有亲切感的时候,才会对你敞开心扉,你才能够以一个长者的身份了解员工在工作和生活中的问题,从而更好地加以管理。

国家领导人深入基层的时候，往往穿一件浅色的夹克衫，因为浅色系最能给人以亲切感，而夹克衫则是典型的民间服饰，给人平易近人的印象。如果领导人穿着接见外宾时的服装去农村视察，必然不会得到老百姓的信赖。亲切的服饰能够成功地塑造一个体恤下情的领导人的形象，让人们忽略他的身份和地位，真正感受到领导人对自己的关心，进而相信他能够代表自己的利益。当领导人进车间视察的时候，甚至会穿上车间的工作服，让车间工人心里暖洋洋的，相信这样的领导人一定会为他们办实事儿。

虽然说商场如战场，但是现在"合作""双赢"的观念已经越来越深入人心。具有合作关系的两家企业往往有着共同的利益。商业伙伴之间为了实现更进一步的合作，往往需要增进感情、加强了解，互相赢得对方的信赖。因此除了正式的谈判和会晤之外，商业伙伴之间还会有一些非正式的会面。在这种场合如果穿着过于强硬的深色服装，就会让对方怀疑你是否真诚。浅色系西装搭配格子衬衫最能表达自己真诚的态度，轻松赢得对方的好感，让你与合作伙伴之间建立长久的友谊。

在销售领域和服务领域等跟人打交道的行业，服饰向来是人们很看重的一件道具。相关从业人员只有通过服饰表现出自己的亲和力，才不至于还没做自我介绍就被客户拒绝。亲切的服饰能帮助他们赢得客户的信赖，让自己的业绩蒸蒸日上。某人寿保险公司的销售冠军李小姐感慨地说："大家都在强调销售人员的着装要正式，要表现出自信，以至于现在消费者一看到西装革履的业务员向他走来就赶紧避开。因为那身过于职业化的着装会给人冰冷的感觉。"人寿保险的销售对象是那些关注自己和家人的安全及健康的人群，亲切的服饰会让他们相信你是真心诚意为他们的幸福着想，冷峻的着装会让他们担心受骗而与你产生距离。

只有保证自己的穿着能给别人带来亲切的感觉，才能缩短自己与别人的距离。服装的款式越简单越好，柔和的线条给人轻松、亲切的感觉。面料要以棉、麻等天然纤维为主，避免选择皮革、尼龙等让人产生距离感的冷漠面料。色彩则以暖色为佳，纯白色也是很舒适的色彩，而咖啡色、黑色相对来说会给人压抑、烦躁的感觉，花里胡哨的色彩过于突出自己，同样会让别人产生排斥感。

柔化穿着，能借外力

在激烈的职场竞争中，有的人整天忙得焦头烂额，总是有办不完的事，即使在假日里也不能从工作中解脱出来。一个工作狂的形象，给人的感觉是"我能搞定一切，我不需要帮助"。这样，不但没有人会帮助他，人们还会对他提出更多的要求。有的人在谈笑间就把事情处理完了，还有时间享受自己的私人空间。这种人知道自己不是万能的，他们会适时地向别人求助，恰到好处地示弱不但不会破坏自己的职业形象，反而会给人谦虚诚恳的印象，赢得好人缘。不同的着装风格可以塑造或强硬或柔和的形象，强硬的形象拒人于千里之外，即使有再多的工作别人也会觉得理所当然让他自己完成，柔和的形象则会让人乐于帮上一把。

某外贸公司就有两个形象截然不同的女业务员,一个总是穿着男性化的套装,或者利落的中性裤装,给别人的印象是风风火火、永不服输的女强人形象;而另一个则穿着浪漫的长裙,搭配正式的外套,刚柔兼济的外表不乏女性魅力。两个人的业绩不相上下,但是前者常常忙得不可开交,总是为了工作加班加点,后者则有同事或助理帮她处理事务,甚至客户也会主动提出免除一些手续,减轻她的工作量,这使她有充足的时间享受休闲的假日。造成这种差别的原因就在于,前者事无巨细都是一手包办,后者则善于借助外力,很多事都不用她操心。工作中繁杂的事务那么多,如果大事小事都要亲自过问,就算全年无休也处理不完,聪明的人应该懂得借助于别人的力量,减轻自己的工作压力。至于别人是否肯帮你,很大程度上取决于你的穿着给别人的印象。

过于强势的形象会引起别人的防御和抵触,理性的、刻板的穿着所营造的精英形象会让人们觉得你有能力把自己的工作做到最好,而且必须为你的工作负责。相反,如果你以一个柔和的形象出现在人们面前,不但容易产生亲和力,而且容易让别人降低对你的要求,处处为你着想。在商业合作中,男性客户面对外表强悍的女性时,会对她的合作品质提出较高的要求,面对外表温柔的女性时,则会降低要求。

在事业的发展过程中,和谐的人际关系至关重要。没有人愿意跟着装过于严谨的人打交道。轻松柔和的着装风格显得穿衣者没有企图心,人们对他没有戒备而愿意敞开心扉。因此,别让传统精英形象成为你发展人际关系的绊脚石,通过柔化自己的着装风格,可以展现出一个谦虚又随和的形象,从而赢得别人的支持与帮助。

柔化穿着可以从色彩、款式和面料入手。浅色系的色彩比深色系的色彩显得柔和，让人容易亲近，比如米黄色、象牙白、浅灰色等都是职场中比较经典的颜色。带有休闲元素的款式可以给人轻松的感觉，比如曲线裁剪的套装，或者领口、袖口带有小装饰的衬衣。质地柔软的面料不仅自己穿着舒服，在别人看来也会觉得很柔和，因此要尽量选择丝质或毛质的面料。

既然柔和的着装风格可以让你得到别人的帮助，让自己潇洒地面对工作中大大小小的琐事，赢得好业绩之后还可以享受令人羡慕的休闲假日，何必再把自己打扮成无所不能的工作狂呢？

第三节
穿出你的好形象

用衣服包装自我，用自信打动他人

美国商人希尔在创业之初，就意识到了服饰的作用，他清楚地认识到，商业社会中，一般人是根据一个人的衣着来判断对方的实力的，因此他首先去拜访裁缝。靠着往日的信用，希尔定做了三套昂贵的西服，共花了 275 美元，而当时他的口袋里仅有不到 1 美元的零钱。然后，他又买了一整套最好的衬衫、衣领、领带、吊带及内衣裤，而这时他的债务已经达到了 675 美元。

每天早上，他都会身穿一套全新的衣服，在同一个时间里、同一条街道与某位富裕的出版商"邂逅"，希尔每天都和他打招呼，并偶尔聊上一两分钟。这种例行性会面大约进行了一星期之后，出版商开始主动与希尔搭话，并说："你看起来混得相当不错。"接着出版商便想知道希尔从事哪种行业。因为希尔的衣着所表现出来的这种极有成就的气质，再加上每天一套不同的新衣服，已引起了出版商极大的好奇心，这正是希尔盼望发生的情况。希尔于是很轻松地告诉出版商："我正在筹备一本新杂志，打算在近期内争取出版，杂志的名称为'希尔的黄金定律'。"出版商说："我是从事杂志印刷及发行的，也许我可以帮你的忙。"这正是希尔所等候的那一刻，而当他购买这些新衣服时，他心中已想到了这一刻。后来，这位出版商邀请希尔到他的俱乐部和他共进午餐,在咖啡和香烟尚未送上桌前,已"说服了希尔"答应和他签合约,由他负责印刷及发行希尔的杂志。希尔甚至"答应"允许他提供资金并不收取任何利息。

发行《希尔的黄金定律》这本杂志所需要的资金至少在 3 万美元以上,而其中每一分钱都是通过漂亮衣服所创造的"幌子"筹集来的。

希尔的成功有力地证明了衣着对一个人的巨大作用,如果当初他根本不注重衣着,那么那位出版商肯定连看都不愿看他,更不会帮他出版杂志了。

据社会心理学家估计,第一印象的 93% 是由服装、外表修饰和非语言信息组成的。服饰是一种无声语言,不但能给对方留下一定的审美观感,而且它还能反映出你个人的气质、性格、内心世界。它在很大程度上决定了别人对你的喜欢程度。

美国的心理学者雷诺·毕克曼做了以下有趣的实验:在纽约机场和中央火车站的电话亭里,在任何人都可以看到的地方,放了 10 美分,等到一有人进入电话亭,约两分钟后敲门说:"对不起,我在这里放了 10 美分,不知道你有没有看到?"结果退还钱的比率差异较大,询问者服装整齐时占 77%,而询问者衣服较寒酸时则占 38%。

因此可以看出,衣服一定程度上决定了别人对你的印象和态度。一套得体的服装会带给你自信,从而使别人更愿意与你交往。着装艺术不仅给人以好感,同时还直接反映出一个人的修养、气质与情操,它往往能在尚未认识你或你的才华之前,向别人透露出你是何种人物。

因此,在这方面稍下一点功夫,是会事半功倍的。所以,你要学会用服装来包装自我,选择带给你自信的优质服装,不但可以掩盖你身材的不足，还可以衬托形体的优势，并在心理上消除由于对外表不满带来的焦虑。

优质的服装还可以积极地调整穿衣者的态度，它有强烈的暗示作用，在心理上提示自己表现得要如同自己的服装一样出色。另外，它还能够增加着装人的成就感，让你表现得自豪、沉着、优雅。

因而，你不一定穿自己喜欢的衣服，但你一定要穿让你自信的衣服，它绝对会在很多层面上影响你的工作、你的生活。你穿着自信的衣服时，你在3秒钟之内可以抓住别人的视线；如果你抓住别人的视线，你在3分钟之内才可以吸引别人的注意力；如果你吸引别人的注意力，才有后面30分钟跟别人交谈的机会。所以每天出门的时候，你要先照一下镜子，看看自己有没有穿着吸引别人的服装。

衣着对一个人的影响非常大，一个不讲究衣着、对衣着缺乏品位的人，人际关系的效果势必会受到影响。因此，你若想有个好形象，从现在起，请立即注重你的衣着。用衣装来包装自我，用自信来打动他人。

体形有区别，穿衣有不同

美丽的衣服不是穿在所有人身上都能增添光彩的，而不同的人穿同样的衣服也会赋予衣服不一样的气质。衣服与人之间，互相搭配，互相衬托，得体恰当的装扮才可以体现你的内涵、展现你的魅力，为你的美丽加分，所以想要穿得漂亮的你，一定要选择适合自己的衣服。

如果你是娇小玲珑型的女士，穿着深色的衣服，会显得更为瘦小。所以，应该选择淡色或有小型花纹且质地柔软的衣服。此外，上衣可以采用镶边的样式，裙子则不妨在腰际打碎褶，使身材显得较丰满。帽子、手袋和项链等配件，则尽量选用小而可爱的类型。

如果你是矮小而丰满型的女士，如果穿着蓬裙或长裙会显得更为矮胖，所以在穿裙子的时候，应该尽量选择合身的短裙。此外，也可以选择色彩明亮的运动衫、细小花格的洋装。打结的围巾或装饰领口的小胸针，都是理想而可爱的配件。总之，体形矮胖的人，在穿着方面，应该尽量表现得清爽，而且充满活力。

高挑瘦削型的女士几乎适合各种样式的服装。但如果穿着太古板的衣服，会让人觉得老气横秋。因此，在选择衣服的式样时，应特别注意"新鲜感"，最好是穿着大型花纹且曲线丰富的洋装。布料方面，则以舒适、柔软的质地最为适宜。如果衣服上有横向的花纹，会显得更为丰满动人。另外，选择宽边帽、大的手提包和过长的耳环或项链，会使你显得更大方、俏丽。

高而粗壮型的人，通常腰部较为粗壮，所以，掩饰的重点应该放在腰部。如果体形略胖，裙长应该垂膝。此外，各种式样的迷你裙也适合这类体形的人穿着。服装的款式，以趋向运动装的样式最为合适。布料则以不要太显露体形的质料为主。色泽方面，则应选择深而鲜亮的色彩。在配件方面，也以大型的饰物较为合适。

女性自信着装的三大原则

我们经常说:"女性可以用美丽征服世界。"这种美丽,肯定不只是长得美,而是兼含内在与外在和谐统一的美感。而表现外在,最迅速、最有效的就是女性的着装。当今时代,是崇尚自由的时代,这种自由也渗透到了穿衣打扮之中。但是,这并不是说我们就可以随便着装了,在必要的场合,遵循着装的基本原则还是必不可少的。如果我们遵循了着装的这些原则,不仅可以使我们看起来更加得体,也会使女性更加自信。下面,我们就介绍一下女性着装的三大原则。

1. 季节与着装色彩的搭配原则

一年四季,严寒酷暑,不停地变换。为了保持体温,我们的服装也会随着发生变化。但是,不同的季节,着装的色彩也要遵循一些基本的原则。

(1)春秋季节。

春季是万物复苏的季节,因此,这个阶段的着装应采用暖色系的色彩来体现这时的生机勃勃。秋季是丰收的季节,也是一个充满诗情画意的季节,此时可采用中间色和中明度色来体现秋天的成熟。

春秋季节是服装种类最多、没有什么特殊限制的季节,可以根据自己的特点和爱好来选择。在面料和款式上,柔软而有光泽的质料比较受人们的欢迎。

（2）夏季。

夏天气温很高，很容易使人浮躁不安。因此，此阶段的服装色彩应以冷色、浅色为主。尤其是蓝色，能让人眼睛一亮，倍感清新。蓝色与其他颜色搭配也可以相得益彰。在面料选择上，由于人体易出汗，所以应选透气性强、吸湿性好的纯棉、纯麻和丝绸面料。

（3）冬季。

冬季寒冷，自然界色彩趋于单调，因此冬装既可以与季节相搭配，也可以用强烈的色彩组合来给冬天增添活力。面料可以选择保温性强的呢、绒、毛料、皮等。

2.流行与适合自己的个性相结合的原则

对于爱美的女性来说，选择当前最流行的服装是必要的。因为流行代表着充满活力、永远年轻的生活态度。但是，也不要忘了是否与自己的个性相符。每一季流行的清单上，女人最应该注意的是哪些适合自己。女人的装束，不一定每件都是名品，但一个季节至少应该选择一套略高于自己消费能力的高档时装，这会使你自信心倍增。

高级和廉价可以混着来穿。比如一些T恤衫之类的可替代性较强的服饰，可以不必买名牌，只要借鉴一下名牌的款式就可以了，然后和自己高级的服饰搭配，这样就可以用比较少的钱穿出大牌的品位。

3.总体着装原则

（1）不要在办公室穿太紧、太透、太性感的衣服。如果穿得过于性感，只会使你看起来不专业，像个花瓶，还会影响男同事的工作。

（2）不要穿得过于男性化。

（3）不要盲目追赶时装潮流。

（4）不要每天改变上班穿的裙子长度、款式和颜色。

（5）在办公室与人洽谈业务时，不要一会儿脱掉外衣，一会儿又穿上，这样会分散对方的注意力，也会给对方带来不稳定的感觉。

（6）佩戴的饰品不要太低廉、太累赘，这样会给人带来俗气的印象。首饰佩戴应该大方得体。

（7）衣服上不要喷太浓的香水，这样会使人觉得俗不可耐，并且不敢靠近。

（8）不要穿抽丝的丝袜或者露出线条的内裤上班。这样，你的腿形再美，也失去了和谐的美感。

（9）在穿衣打扮之前，先问问自己要和什么样的人会面，再决定穿什么样的衣服。

（10）衣服的色彩搭配十分重要。一般而言，正式场合，不要穿色彩反差太大的衣服。

总之，合适、得体的着装可以使女性变得更加可爱、更加具有吸引力。从女性自身来说，出色的着装，可以使自己具备饱满的自信和工作热情，进而在工作和社交中给大家留下良好的印象，使自己获得成功。

西装穿正确，更显魅力风采

西装，又称西服、洋服。它起源于欧洲，目前是全世界最流行的一种服装，也是商界男士在正式场合着装的优先选择。西装的造型典雅高贵。它拥有开放适度的领部、宽阔舒展的肩部和略加收缩的腰部，穿在男士的身上，会使之显得英武矫健、风度翩翩、魅力十足。20世纪初，一些家庭主妇纷纷走向社会，参加工作，有的身居要职。随着妇女地位的提高，她们纷纷仿效男性穿潇洒的西装，于是女式西装应运而生。女式西装受流行因素影响较大，但基本的要求是要合体，一般为上衣下裤或上衣下裙，能够突出女性体形的曲线美，应根据穿着者的年龄、体形、皮肤、气质、职业等特点来选择款式。

随着国际化的不断深入发展，西装在全世界范围内受到越来越多的关注。各种职业人士都被要求穿上西装，展示出自己稳重的魅力形象。然而，并不是说穿着西装，你就可以魅力十足，令人刮目相看了。西装的搭配、面料、样式、剪裁等都会使两个穿西装的人之间有天壤之别。

美国作家福斯特刻薄地认为："西服过大、过小、过短、过长都会让穿衣者看起来像是西服以外的异来之物，我们因此断言：他不懂得穿衣之道，他还没有吸纳足够的现代文明，他或许穿着别人的西服。无论如何，他肯定缺乏品位。"

所以，穿西装也要讲究方法，女士穿西装最应注重的就是和谐和搭配。

女式西服没有固定的穿着方式，穿着时需注意：无论哪种西装，首先要合体，女式西服套装应能突出女性的体形美。

一般女式西服最好选择质地较好的纯毛面料，西服上装与下装不一定要颜色相同，只要颜色和谐即可。

女士穿西服需要考虑年龄、体形、肤色、气质、职业等特点。年龄较大或较胖的女性可穿一般款式的西服。

女士穿西服还要注意服装与服饰的和谐。一般可选择飘带领的顺色衬衫；里边穿高领毛衣时，还可以佩戴精巧漂亮的胸花。注意，应避免看到里面穿的保暖衣。

此外，还要注意皮鞋、皮包的式样，颜色要与西服的颜色搭配谐调，优美大方的发型也要与穿着的西装谐调。

男士穿西装的讲究就会更多一些。男人的西装依扣式的排列，有单排和双排之分。穿单排扣西装，多为三件式，即配背心一件，但是近来已不一定穿背心。坐下时，为求舒适，西装扣是可打开的，但站起来或走路时，应扣上西装的上扣，否则不雅。至于穿双排扣西装，则不必穿背心，应扣上扣及暗扣，扣扣子是尊重他人的行为。

西装是潇洒与美的化身，但并不是说任何西装穿戴在任何人身上一定都能产生美感。事实证明，西装只有与穿戴者的气质、个性、身份、年龄、职业以及穿戴的环境、时间协调一致时，才能真正达到美的境界。

古希腊"和谐就是美"的美学观点在服饰美中得到了最充分的体现。既然服饰的美在于和谐统一的整体视觉效果，那么，服饰穿戴基本原则也许会使你从中得到某些启示，从而能正确地穿着西装，尽情展现你迷人的魅力。

男士穿西装要讲究细节

西装是商业人士必不可少的服饰,在办公室、会议厅、宴会上、谈判桌上,凡是商务活动触及的范围,到处都是西装笔挺的人们。然而,人人都会穿西装,但不是人人都能穿好西装,因为很多人不知道,穿西装还有很多细节要讲究。

1. 穿西装最讲究"露三白"

穿西装讲究"露三白",即衬衫领子露白,前胸露白以及衬衫的袖口露白。衬衫袖口露白有一定的国际标准:大多比外套长两厘米左右,过长过短都不好。在标准范围内,个子高的人袖口露白应该短一点,而个子矮的人则应该露白多些。

2. 全身颜色不宜超过三种

一般来说,穿西服时,包括上衣、西裤、衬衫、领带、鞋子以及袜子在内,全身的颜色不宜超过三个色系,否则容易给人一种混乱、不庄重的感觉。

3. 怎样扣纽扣有讲究

在一般性的正式场合,穿着单排两粒扣或单排三粒扣的西装时,都应扣好最上面的纽扣,而将最下面的纽扣解开。避免当你坐下时腹部隆起而显得臃肿窝囊,而且不会让你的形象过于呆板。但是穿双排扣西装的话,则一定要将扣子全部扣上。

4. 穿西装只能配皮鞋和深色棉毛袜

穿西装时，只能搭配皮鞋，并且要保持皮鞋的清洁光亮，这是对宾客的尊重，也是对自己形象的尊重。穿西装时，袜子也要有讲究，必须是深色的棉毛袜。千万不能穿白色或其他浅色的袜子，更不能穿尼龙袜。袜子应该长到你的小腿肚，以免你坐下时露出腿上皮肤和体毛而有失庄重。

5. 口袋不是什么东西都能装

无论哪种西装，其外侧口袋装东西都是有讲究的。上衣外侧左胸袋一般不放东西，要放也只可以放置装饰性的口袋巾或参加宴会时的鲜花；外侧下方的两个口袋除临时装名片等需要用的小物件外也不宜放其他东西，切忌把口袋装得满满的，看起来鼓鼓的；内侧左右的胸袋可以放名片夹或者钱包，但也不宜放过厚的东西，以保持平坦。

6. 穿西装要讲究合身度

穿西装应避免肥大或者过于窄小，只有合身的西装才能修身，让你显得更加挺拔有型。

一般而言，合身剪裁的西装要保证肩线与袖笼尽量不改，袖长的修改幅度不能超过 3 厘米，身长修改不能超过 1.5 厘米，避免西装下缘太靠近口袋而显得有点奇怪。西裤最好是长到接触脚背，太短的西裤成了"吊脚裤"，会显得不够大气。裤腰不能过大或过小，以合扣后可插入一手掌为宜。上衣和西裤要相协调，不能上面过宽、下面过窄，反之亦然，一定要保持统一的合身度，以构成和谐的整体。

当你把这些细节都注意到后，你一定会穿出最有气势的西装，无论在什么场合，你都会是最吸引眼球的那一个。

第三章

仪容要美化，形象才优化

第一节
仪容要美化，形象才优化

面容修饰，铸出亮丽容颜

面容是人的仪表之首，也是最能动人之处，所以面容的修饰是仪容美的重头戏，特别是在社交场合，对于面容的修饰更为重要。由于性别的差异和人们认知角度的不同，男女在面容美化的方式、方法和具体要求上是不同的，他们有着各自不同的特点。

1. 男士面容的基本要求

男士面容最基本的地方，体现在胡须上。男士应该养成每天修面剃须的良好习惯。如果实在想蓄须的话，男士朋友们也应该从工作的角度出发，看工作是否允许，并应该经常修剪，保持卫生。不管是留小胡子还是络腮胡，整洁大方是最重要的。而没有留胡子的人，在出席各种公共场合或社交活动的时候，切不能胡子拉碴地去。

2. 女士面容的基本要求

一般来说，女士的美容化妆应特别注意如下几点：

（1）化妆的浓淡要考虑时间、场合的问题。

随着时间与场合的改变，女士化妆应有相应的变化。白天，在自然光下，一般女士略施粉黛即可；在工作的时候也应以清新、自然的妆容为宜。而在参加晚间的娱乐活动时，浓妆比淡妆更好。

（2）化妆治标而不治本，属消极的美容，应提倡积极的美容。

面部的皮肤比我们想象中更娇嫩，任何不科学的外部刺激都会对其产生不同程度的损伤。正如大家所知道的，任何化妆品中都含有一定量的化学物质，这些化学物质对皮肤多少都会有不良的刺激。不少女士喜欢浓妆艳抹，这样也许会为她增添几分妩媚，事实上，这是消极美容，会对皮肤产生一定程度的伤害。因此，要想使面容的仪表更好，最好的方法是采用体内调和的美容法。

首先，在生活中要多多参加户外体育活动，促进表皮细胞的繁殖，使表皮形成一层抵御有害物质的天然屏障。其次，良好的心境与充足的睡眠也是不可少的。这对皮肤的新陈代谢有一定的作用，也会使面容有光泽。再次，合理的饮食也不可忽略。多喝水，多吃富含维生素C较多的水果、蔬菜等，少吃辛辣、高糖、高盐的食物。最后，坚持科学的面部护理与按摩也是十分重要的。它能促进血液的循环，使面容更加红润健康。

无论男性女性，都应该注意自己的面容修饰，让亮丽的容颜提高你的吸引力。

不同的脸形，不同的修正技巧

除了可以通过化妆技巧对不同的脸形做修正外，还可以通过其他一些方法对脸形做技巧修改，给你的个人形象加分。

1. 圆形脸的修正法

（1）发型修正法。圆形脸的人可以通过采用强调法和弥补法来处理发型。前者，可以将头发处理为短发，向上梳露出脸的轮廓。后者可以采用偏分的直发，用两侧的直线弥补脸部的曲线条，头顶的部分要尽量蓬松，并让发根直立。

（2）领形修正法。用拉长的直线形领，以便平衡过于圆滑的下巴曲线。

（3）首饰修正法。项链要选择若有若无的直线，吊坠最好选择方形的。耳环要选择小三角形或小正方形的，最好挑选那种在阳光下才会显现的闪光材料。

2. 长方形脸的修正法

（1）发型修正法。互补和强调是运用发型修正脸形要遵循的两大原则。互补的作用是"避短"，强调的作用是"扬长"。但是在日常生活中我们更愿意选择比较保险的互补法，来达到"避短"的作用，而且越是年龄大的人越爱用互补法。

针对长方形脸来说，最好让一部分头发盖住前额，让脸的长度变短一点。另外还要把脸颊两侧的头发做成圆滑的弧线或大卷，以产生蓬松丰满的感觉，利用视错觉让脸蛋儿变胖一点点。

（2）领形修正法。可选择一字领、弧形领、高领及樽形领，从视觉上缩短脸的长度。

（3）首饰修正法。在项链和耳环的选择上要注意回避那种有拉长感觉的设计。可以挑选短链条、包颈设计的，同时注意不要挂吊坠。耳环方面，可挑选有向外扩张感觉的耳扣，以及大圆环、大粒珍珠等。

（4）丝巾修正法。圆弧形的丝巾轮廓比较合适。一般可采用包住脖子的系法，丝巾最好在侧面或者后面打结。

（5）眼镜修正法。椭圆形框架的眼镜比较适合长脸的人，眼镜框要比本人的脸颊稍稍宽出一点才不显得脸过长过窄。

3. 菱形脸的修正法

（1）发型修正法。将头发分别向两侧分拢，呈弧形并遮盖住前额部分。

（2）领形修正法。领子的开头可参照长方形脸的人的领形选择。

（3）首饰修正法。首饰的佩戴可以参考长方形脸的人。

（4）丝巾修正法。丝巾的佩戴方法也可以参照长方形脸的人。

（5）眼镜修正法。稍宽的圆形镜框的眼镜比较适合菱形的脸。

4. 方形脸的修正法

（1）发型修正法。将头顶的发向上梳理，盘成高髻，或将头顶的头发整理得很蓬松，呈弧线。两侧的头发可以修剪成有动感的曲线或有层次的碎发。

（2）领形修正法。领子采用向下发展的领形最好，如大 U 字领。

（3）首饰修正法。选择圆点状的耳环最好。

（4）丝巾修正法。丝巾需要系成正面有花结的下挂式。

（5）眼镜修正法。方形脸的人适合佩戴稍稍上翘的弧线形镜框的眼镜。

不同的脸形有许多不同的修正方法，无论是通过哪种方式来修正脸形，都需要经过一段时间的摸索。所以，即使一两次没修正好也没关系。如果能请专业人士给予一定的指导，就能事半功倍。另外还有一点不能忽略，随着年龄的增长，人的脸形会有或多或少的改变，所以修正的技巧也一定要随时进行调整。

好形象从"头"出发

按照一般习惯,一个人注意和打量他人,往往是从头部开始的。而头发生长于头顶,位于人体的"制高点",所以更容易先入为主,引起重视。鉴于此,要想打造良好形象,首先应该从"头"出发。

1. 勤于梳洗

头发是人们脸面之中的脸面,所以应当自觉地做好日常护理。不论有无交际应酬活动,平日都要对自己的头发勤于梳洗,不要临阵磨枪,更不能忽略此点,疏于对头发的"管理"。

通常理发的间隔,男士应为半月左右一次,女士可根据个人情况而定,但最长不应长于一个月。洗发,一般可以三天左右进行一次。至于梳理头发,更应当时时不忘,见机行事。

总之,头发一定要洗净、理好、梳整齐。如有重要的交际应酬,应于事前再进行一次洗发、理发、梳发,不必拘泥于以上时限。切记,此类活动应在"幕后"操作,不可当众"演出"。

2. 发型得体

发型,即头发的整体造型。在理发与修饰头发时,对此都不容回避。选择发型,除个人偏好可适当兼顾外,最重要的是要考虑个人条件和所处场合。

(1)个人条件。

个人条件包括发质、脸形、身高、胖瘦、年纪、着装、佩饰、性格等,都会影响发型的选择,对此切不可掉以轻心。

在上述个人条件里,脸形对发型的选择影响最大。选择发型时,一定要考虑自己的脸形特点,例如,国字脸的男士最好别理板寸,否则看上去好像一张扑克牌。Ω 发型则主要适合鹅蛋脸的女士,头发的下端向外翻翘,可展示此种脸形之美。要是倒三角脸形的女士选择了它,就不太好看了。

(2)所处场合。

在社会生活中,人们的职业不同、身份不同、工作环境不同,发型自然也应有所不同。

总而言之,在工作场合抛头露面的人,发型应当传统、庄重、保守一些;在社交场合频频亮相的人,发型则应当个性、时尚、艺术一些。至于前卫、怪异的发型,大约只有对艺术工作者才是适合的。

3. 长短适中

虽然说想要头发或长或短完全是一个人的自由,但是从社交礼仪和审美的角度来说,头发到底该多长或多短是有讲究的。具体来说,其受以下几个因素的影响。

(1)性别因素。

男性和女性的区别,在头发长短上就有所体现。一般大家的观点是:女士可以留短发,但是却很少理寸头;男士的头发虽然也可以稍长,但是不宜长发披肩、扎辫子之类的。

(2)身高因素。

从美观的角度来说,头发的长度在一定程度上应该与个人身高有关。以女士留长发为例,头发的长度应该与身高成正比。如果是一个矮小的女生，头发却长过腰，会显得自己的个头更矮。

（3）年龄因素。

如果一头飘逸的长发出现在少女的头上，会有相得益彰的感觉。但是如果一位六七十岁的老奶奶却留很长的头发，则会让人感觉有些怪异，且显得自己没有多大的精神。

（4）职业因素。

职业对头发的长短也有一定的影响因素。比如，野战军的战士通常会理寸头，这是为了方便负伤的抢救，但是商政界人士则不适合这样。对于在商界工作的女士来说，头发最好不过肩，而且应以束发、盘发作为变通；男士则不宜留鬓角和发帘，长度最好以不触及衬衣领口为宜。

4. 美化、自然

人们在修饰头发时，往往会有意识地运用某些技术手段对其进行美化，这就是所谓的美发。美发不仅要美观大方，而且要自然，不宜雕琢过重或不合时宜。

在通常情况下，美发的方法有四种，它们分别是：

（1）烫发。烫发，即运用物理手段或化学手段，将头发做成适当形状的方法。决定烫发之前，先要看一下本人发质、年龄、职业是否合适。如果一个不到 20 岁的女孩子烫了大波浪卷的头发，就会显得老气横秋。

（2）染发。发色不理想，或头发变白，即可使用染发剂令其变色。对中国人而言，将头发染黑无可非议，而若想将其染成其他色彩，甚至染成多色彩发，则须三思而行。

（3）做发。做发，即运用发油、发露、发乳、发胶、摩丝等美发用品，将头发塑造成一定形状，或对其进行护理。做发的要求与烫发的要求大体相似。

（4）假发。头发有先天缺陷或后天缺陷者，均可选戴假发。选择假发，一是要使用方便，二是要天衣无缝，不可过分俗气。

迷人的双眼需要外护和内养

每一个人都想拥有美丽迷人、会说话的眼睛。眼睛不美，即使其他部位再美，也会失色。而如果眼睛明亮动人，那么其他部位即使差了些，也照样可以留给别人美的印象，因此，眼睛的美化是不可忽视的。要想拥有一双迷人的眼睛，就应当对眼睛加以特别的保护，不但使它美丽，而且要使它健康。所以，迷人的双眼需要外护和内养结合。除了化妆之外，基本的保养也是不可或缺的。

1.外护

如果说眼睛是心灵的窗户，那么我们的眼睑就是它独一无二的窗帘，为眼睛提供保护和清洁。所以说，眼睛的保养，在很大程度上是指对眼部皮肤的护理和滋润。眼部周围的皮肤拥有的皮脂腺非常少，所以是最纤薄、最敏感的，很容易处于缺水的状态。想保持眼睑的平滑明净，就要重视补充足够的水分。

每天早晚的眼部护理程序，尤其是在干燥的季节和环境中时更不能忽视。在早晨，轻柔的啫喱状眼部净化露、凝露是年轻肌肤最理想的选择，而在晚上可以选择更富有滋养以及修复作用的眼部精华液和眼霜。还有定期做眼膜能使眼部肌肤重获生机，让你的眼睛时刻如秋水般澄澈明净。

在眼部使用的产品最关键的原则是安全，一定要选用经过眼科检测的产品。对眼部的彩妆，一定要使用眼部专用的卸妆液，不仅卸妆快捷容易，也不会损伤到娇嫩的眼睛及眼部肌肤。当然即使是选对了产品，仍然要注意卸妆的手势应轻柔细致。

2. 内养

眼睛应有充分的休息，眼睛疲倦除了影响美丽之外，还会伤害眼睛，首先要知道怎样避免眼睛疲倦，其次疲倦了应当知道怎样休息。

一般造成眼睛疲倦的原因，第一是在光线不足的灯光下阅读；第二是做细小的工作，令眼睛太过专注而产生疲劳；第三是用不正确的方法看电视。阅读时光线要足够，在电灯下阅读，应该选择80～100瓦的灯光，电灯的位置应该高于视平线，书的位置应当放于灯的一边，才能避免反光，书与你眼睛应保持35～40厘米的距离。有些工作，如抄写、打字、统计、速记、做针线等，这类工作很容易使眼睛疲倦，所以做一段时间，应让眼睛休息2～3分钟。休息的方法是让眼睛看远处的东西，如墙壁、天花板，如果能凭窗眺望两分钟更好。

眼睛是对光线最敏感的器官，紫外线对眼部肌肤的伤害当然不用多说，同时过多的强光刺激还会增加患白内障的概率。养成在明亮的光线下戴太阳镜的习惯，这在保护眼睛的同时，也有效防止因强光照射引起的眯眼而使得皱纹提早出现。眼睛明亮与否，与营养有密切的关系。食物与这种情形有很大的关联，一般而言，眼睛出现混浊的人，多是由于肉类、细粮类等食物吃得过多，而淀粉类、鲜果、蔬菜等食物吃得太少。宜多吃有利于眼睛的食物和水果，例如鱼类、肝脏、橙汁等。

睡眠适量充足、精神愉快、身体健康，自然有动态美的表现。睡眠前若能够用鲜奶洗眼一次，是最优良的美眼方法，用鲜奶来洗涤，一方面可将眼睛所留存的不需要物质清除，同时由于鲜奶含有酵素及种种营养成分，不仅对眼睛有补充营养的作用，还有清洁作用。茶因含有维生素C，茶叶中的单宁酸也非常丰富，对清洁眼睛都有很大的功效，睡眠前用茶洗眼一次，对眼的美丽极有效果，但以清茶类如水仙、龙井、寿眉等未经炼制的较佳，所以饮茶对美容也是一个良好的方法。

要想拥有闪亮迷人的眼睛，就行动起来吧，外护和内养一个也不能少。

四招让颈部展示青春魅力

任何人都逃不过时间的考验，要想让自己更加年轻精神，就必须费心保养。然而，很多人往往把保养的焦点放在了脸上，对于颈部的保养很少去理会。殊不知，颈部也是最容易泄露年龄的一个部位。看一个人颈部上的皱纹有几圈，就能推算出他的年龄。为了让自己看起来更年轻，露出颈部时更能展现青春的风韵，先做好颈部保养吧！

颈部护养必须充分地滋润与保养，让颈部享受和脸部同等优厚的待遇，以此保持颈部皮肤的弹性，避免皮肤松弛。

许多明星都有一套颈部皮肤的保养秘诀。例如，英格丽·褒曼的颈部保养秘诀是坚持抹颈霜。颈霜给颈部皮肤提供保养、滋润，具有保持颈部肌肤弹性，淡化、减少褶皱的作用，令颈部更加娇嫩、光洁、富有弹性。奥黛丽·赫本则把檀香精油、天竺葵精油 6～8 滴，滴于 10 毫升甜杏仁油中，在秋冬干燥的季节，每天或隔天按摩颈部，以保持颈部滋润和弹性，减少褶皱。

在日常生活中，常用的保养方法如下：

（1）冷热交替敷法：取一条小毛巾，用冷水浸湿，轻轻拧干水，敷在颈部。拉紧贴在颈部，取下。再换用一条毛巾，用热水浸湿，敷在颈部。冷热交替敷 10 分钟。

（2）拍打下巴法：将小毛巾叠成四层蘸上冷水，轻轻挤出水。用右手揪住小毛巾角，用力拍打右下巴和右脸下部，拍打 10～15 次，再换左手持小毛巾拍打左脸下部和左下巴。

（3）半小时美颈法：在颈部和下巴处涂专业护颈膜，根据使用说明，涂一定时间后用水洗掉。每星期可做 1～2 次。

（4）颈部按摩法：每次洗脸时应该一直洗到颈根。每天进行脸部按摩后，也应对颈部进行按摩。你肯定不想看到光洁美丽的脸孔与粗糙松弛的脖颈搭配不协调的画面，所以，在保养脸部皮肤的同时，千万别忽略了颈部。

第二节
基础保养越早开始越好

小心,洗脸方法不当会揉出皱纹

小黄是出名的爱美女人,每天在美容上面要花很多的时间和精力,也很讲究护肤品的品质和用法,洗面奶、保湿霜、面膜、隔离霜,等等,无一不是名牌产品。可是,她近日感到相当沮丧,不管使用多好的护肤产品,不管下多少功夫,自己的脸上还是长出了一些皱纹,这到底是怎么回事呢?自己选择最适合的保养品,定期做按摩,饮食生活也规律,到底是哪个环节出错了呢?小黄万万也没想到,错在一个小细节上——洗脸方法。

直接将洁面乳涂在脸上搓揉几下,或者用手掌把洗面乳揉出细致的泡沫,然后用蘸满泡沫的手掌在脸上揉搓几下洗净,这是否是你每天洗脸的手法?其实这种洗脸方式是错误的。对此,你也许不屑一顾,洗脸就是洗脸,洗干净就行了,讲究那么多干吗?其实不然,作为一种最基础的清洁和保养皮肤的工作,洗脸大有学问。正确的洗脸方法可以帮助你更好地清洁和保养皮肤,不正确的洗脸方法则会损伤皮肤,加速皮肤的老化,甚至长出皱纹。

正确的洗脸方法是:

首先,用中指和无名指洗脸。手掌的操作表面和力道都不适合女性细致的面部肌肤,而中指和无名指是女性的美容手指,无论是洗脸、面部按摩还是涂抹护肤品,都应该用这两根手指来操作。

其次,用洗面乳洗脸时,手指轻揉的方向并不是毫无规律的,应该是顺着毛孔打开的方向揉,即两颊由下往上轻轻按摩,从下巴揉到耳根,两鼻翼处由里向外,从眉心到鼻梁,额头从中部向两侧按摩。只有这样,才能将毛孔里的脏东西揉出来,并且起到提升脸部肌肉的作用。不正确的手法不但清洁不干净,还会揉出皱纹,加速面部肌肤松弛。

最后,用冷热交替法洗脸。凉水具有清凉镇静的作用,但用来洗脸清洁得不够彻底。因为凉水会刺激皮肤的毛细血管紧缩,使脸上的污垢甚至是洁面产品的残余不易清洗干净,而残留在毛孔内,久之会堵塞毛孔,引发各种肌肤隐患。正确的方法应该先用温水,让毛孔张开,然后涂上洗面奶把毛孔里的脏东西洗出来,再用冷水洗,以收缩毛孔。

脸部护理六式,让护肤效果加倍

很多人在做脸部按摩的时候,只涉及肌肤表面,其实只有在进行表皮护理的同时进行深层的护理,效果才会更好。基于这一点,日本著名的美容师佐伯千津创造了"佐伯六式"。

1. 伸展

这是针对肌肤表面最基本的按摩动作,在肌肤护理的各个方面都会用到。

（1）在眼睛周围，先用一只手的手指在太阳穴处向上提拉皮肤，然后用另一只手在眼角附近推展肌肤。

（2）注意不要让面部肌肉颤动，用指尖和手掌在整个面部从下向上按摩。

（3）用两只手掌在整个面部由内向外做推展按摩。

2. 推按

这种按摩手法比伸展的力量要稍微强一点，可以使皮肤更好地吸收化妆品，并使淋巴液的流动更加顺畅。

（1）在嘴唇的周围有很多淋巴细胞，可以用手轻轻地推按，使淋巴的流动更顺畅。

（2）在眼睛周围也有很多淋巴细胞，在眉毛下面的凹陷处用大拇指轻轻地按压。

（3）在耳朵后面和耳下腺处经常有老化的角质，用手指肚轻轻推按可以清除。

3. 局部拉伸

这是针对皱纹和下垂等肌肤问题十分重要的按摩手法，可以修复肌肉不正常的地方。

（1）用手指纵向按压皱纹，同时用整个指肚对皱纹进行向上扩展和按压按摩。

（2）对于额头上的皱纹也依照这种方法，从额头正中向太阳穴的方向用手指进行扩展按摩。

（3）一只手按压太阳穴，另一只手的手掌沿着额头反向进行扩展按压。

（4）额头的皮肤也会下垂，因而可以用手掌按压额头，同时双手交替着向上按摩。

4. 弹钢琴式触击按摩

在眼睛、嘴唇四周等皮肤比较薄的地方，针对一些细小的部位进行弹钢琴式的触击按摩。

（1）从嘴角到脸颊轻轻地做击打按摩，能够使这里的肌肉变得紧绷，同时使脸颊变得圆润。

（2）针对眼角的细小皱纹，也用弹钢琴式的触击按摩进行扩展，可以使血液循环畅通，从而使皱纹变浅。

5. 震动

利用整个手掌对头部及面部进行震动按摩。这种按摩手法能够令身心得到放松。

（1）用双手手掌按住太阳穴，轻轻地加以震动，可以使全身心得到放松。

（2）用双手手掌包住耳朵下方，慢慢地前后按摩，可以促进淋巴液流动。

6. 按压

这种按摩手法可以触及真皮部分，同时通过整个手掌将体温传导到面部肌肤。

（1）从脸部正中开始，按照由内到外、由下到上的顺序进行按摩。在此过程中可以不断提高面部的温度。

（2）用整个手掌覆盖住面部做按摩。这样可以促进血液循环，从而使肤色变得健康红润，像玫瑰花一样美丽诱人。

挑选护肤品，敏感肌肤者更要谨慎

好的皮肤可以让他人对你产生好的印象，所以要好好保护自己的皮肤。而皮肤经常无缘无故地痒或出现红斑的人要细心挑选护肤品，因为你的皮肤可能属于敏感类型。

容易产生过敏反应的皮肤，即属敏感性皮肤。敏感性皮肤一般可分为偏油性及偏干性两种。偏油性的敏感皮肤通常较红，酸碱值较高，皮肤粗糙且易受刺激；而偏干性敏感皮肤一般较薄，面色带黄，易起红斑，毛细血管容易破裂。

敏感肌肤除了不能使用含酒精、香料、色素等刺激成分较高的护肤品外，平日亦要注意饮食均衡，摄取足够的钙质、蛋白质及维生素B、维生素C，多喝开水和果汁，少吃辛辣食物，使肌肤免受刺激。

一般的洁面产品很容易带走水分和油分，因此敏感型的肌肤在挑选洁面产品时，最好选用轻柔、保湿的洁面液清洁面部。特别敏感的皮肤可能对硬水也会产生反应，对此可以使用含有舒缓因子的矿泉水喷雾来清洁面部。此外，清洁完面部后，一定要注意用毛巾按干脸上的水分，防止蒸发。

另外，使用性质温和的护肤用品能增强皮肤的抵抗力，使肌肤细胞及组织恢复健康状态，不再受发炎、红肿等问题困扰。

敏感皮肤不宜经常化妆，以保持皮肤毛孔的透气度，令肌肤得到充分休息。如果因为某些关系不得不化妆，一定要挑选高水分、高保湿的化妆品。在卸妆的时候，一定要选择非常柔和的卸妆乳或卸妆液，在卸除眼部妆容时，一定要先用棉片吸取、擦拭后，再用棉签去除细小的残留物。

特别的你要选择特别的洁肤方式

秋阳的皮肤特别容易出油，俊俏的脸总是显得油光满面，很是煞风景，她为此很苦恼。她看见同屋的小丽皮肤看上去干净清爽，于是就向小丽讨教。小丽说自己的洗面奶很好，洗完脸又干净又滋润，而且还不容易出油。秋阳听后很快就买了同样的洗面奶，但是洗完以后她更失望了，怎么自己脸上出油更多了呢，感觉总是洗不干净。其实，小丽的脸是中性肌肤，不需要很强的控油效果，而秋阳是油性，这款洗面奶的控油效果对她不起作用，而其滋润作用使她的皮肤更油了。

所以，洁肤也讲究"因材施教"，不同肤质要选择不同的洗面奶、不同的洁肤方式，千万不能一概而论。

1. 中性皮肤

中性肌肤水油比较平衡，所以在洁肤上也比较容易，只要保证每周彻底清洁一次皮肤就可以了。洁面后给面部做点按摩，每次持续20分钟。这样就可以得到富有弹性的清洁肌肤了。

2. 油性肌肤

油性肌肤的人毛孔比较粗大，皮肤爱出油，极易沾染污垢堵塞毛孔，清洁起来相对麻烦。所以每天至少保证两次洁面，选择清洁力比较强的皂类或者泡沫型洗面奶。可以先用热毛巾敷一下脸，使皮肤毛孔张开，将淤积在内的污垢排出来。

3. 干性肌肤

干性肌肤的人皮肤缺乏油脂而显得粗糙。如果选择清洁力强的，反而会造成皮肤负担，会带走大量的油脂和水分，所以有这种肌肤的人不要选择去油的洁面产品，具有保湿滋润功效的洁肤产品才是他们的首选。

4. 混合性肌肤

既然是混合性，那就要针对不同部位使用不同的洁面方法。对待T字出油部位，使用油性肌肤的洁面方法。而其他部位采用一般的洁面方法即可。你在使用洗面奶时，要有针对性地在T字部位多按摩两分钟，而其他部位则轻柔按摩两下即可。

5. 敏感性皮肤

这是最娇弱的肌肤，所以要更细心地呵护它。敏感性肌肤的人不要选择含香料、酒精多的洁肤产品。每天洁面的次数不可过多，早晚各一次即可。洗脸时，手法轻柔，轻轻按摩面部即可。

为不同肤质量身打造保湿方法

保湿是保养皮肤最基础也是最重要的工作，每个人都需要保湿，但不同肤质的人保湿方法却不同，所以爱美的你一定要注意了，用对方法才能避免事倍功半。

干性皮肤会使人有紧绷的感觉，易起皮屑，易过敏，还可能伴有细小的皱纹分布在眼周围。这类皮肤的抗衰老护理尤为重要，除了要以保湿精华露来补充水分之外，还要每周敷一次保湿面膜。另外，因为干性肌肤本身油脂分泌得就不多，如果频繁洗脸，会让干燥的情况更为严重。因此，每天洗脸最好不要超过两次，且最好用清水洗脸，尽量避免使用洗面皂。洗完脸后应选用含有透明质酸和植物精华等保湿配方的滋润型乳液。干性皮肤随着角质层水分的减少，皮肤易出现细小的裂痕，在给皮肤补水的同时还要适当补充油分，高度补水又不油腻的面霜也是不错的选择。

许多人认为油性皮肤不会有干燥的问题，其实不然。这样的皮肤即使有丰沛天然的油脂作为保护，也可能因留不住水分而导致皮肤干燥和老化。因此，对于这种缺水不缺油的皮肤，彻底地清洁和保湿是延缓衰老最重要的步骤。选择保湿护肤品时，最好挑选质地清爽、不含油脂，同时兼具高度保湿效果的产品。使用亲水性强的控油乳液、保湿凝露，配合喷洒矿泉水或化妆水，水分不易蒸发，能保持长时间滋润，同时，也不会给油性的皮肤造成负担。

对于混合性的皮肤，由于出现局部出油而又经常干燥脱皮的现象，除了保湿乳液外，保湿面膜也是必不可少的。最好每周使用保湿面膜敷一次脸，或用化妆棉蘸化妆水，直接敷在干燥部位来保湿。

中性皮肤既不干也不油，肤质细腻，恰到好处，只需选择一些与皮肤pH值相近的保湿护肤品，配合喷洒适度的脸部矿泉水。尽量不要在晚上睡前使用太过滋润的晚霜，以防止过多的油脂阻塞皮肤的正常呼吸而导致皮肤早衰。

护肤，太阳光和寒风是两大敌人

　　人的皮肤之所以会变黑，主要原因就是由于过多地晒太阳，使皮肤基底层的黑色素细胞活跃性增加，导致黑粒子的复原反应不正常，黑粒子不能迅速变为正常粒子，因此致使皮肤变黑，更严重的是骨胶原组织失去弹性，使皮肤变得像皮革一般粗糙，失去色泽和弹性，甚至导致皮肤癌发生。

　　所以从皮肤的角度着想，我们应该在早晨和下午晚些时候，太阳光不太强烈的时候，到户外去活动。但有时候，因为某些原因，我们又不得不在强烈的日照下工作或行走，如何保护肌肤就成为十分重要的问题了。因为身体的很多部分都有衣服保护着，可以抵御紫外线的危害，那外露的皮肤，如脸、脖子、手臂、腿等，就需要我们多多防护了。

　　因阳光照射而形成的皱纹是可以避免的。如果从小便习惯于在暴露的皮肤上涂上厚厚的一层防晒霜，并不过分暴露在阳光下，到中年时皮肤仍能和年轻时差不多。

　　除了涂抹防晒霜外，戴上帽子和太阳镜也是十分必要的，这样可以防止日射病、眼角皱纹和眉间皱纹。

　　不少人觉得防晒工作只要在夏季做好就可以了，其实不然。由于大气中臭氧层变得稀薄，阳光非常容易伤害皮肤，为减轻日晒引起的皱纹和损伤，不仅在夏季需要防晒，其他季节也需做好各项防晒措施。

除了太阳光的危害外,寒风对皮肤的损坏也不可小视。风吹会引起皮肤干燥,破坏表皮,真皮内的水分也会因此快速流失,使得皮肤粗糙,产生皱纹。在深秋、冬、初春季节尤其要予以重视。

洗脸后,在潮湿的脸部涂上护肤品,可以防止水分流失以及风吹引起的干燥。此外,冷暖气也会危害皮肤,在房中开了冷暖气,空气会变得干燥,导致皮肤的水分迅速流失。因此,在开冷暖气的房子里,可以放置一小盆水,避免皮肤水分过快流失。同时,睡眠时可以将空调温度调低,室内低温对皮肤有好处。

如果外出碰上寒冷的天气,要戴手套、围围巾和戴口罩等,尽可能避免皮肤直接长时间地暴露于寒冷的风中。

保护你的皮肤,就一定要注意太阳光和寒风的侵害,正确地采取防护措施,必然能使你拥有更细腻光滑的肌肤。

面膜使用四注意,让你的肌肤更年轻

面膜可以嫩白肌肤、淡化细纹、延缓衰老等,但是要想让面膜发挥出好的作用,关键是要了解面膜该怎么使用。一般来说,使用面膜时要注意以下几个问题。

1. 面膜一定要厚厚地涂

有人说面膜价格较贵,还是省着点用吧,于是只涂薄薄的一层。知道节省是个好习惯,但是要省对地方。敷面膜时,薄薄的一层完全没有形成一个封闭性的"护肤场",所以面膜一定要厚厚地涂、多多地涂，才能让皮肤吃够营养，特别是T形区。

2. 一张面膜只能用一次

有些人觉得面膜用过一次后，还有很多精华液没有被吸收，于是舍不得扔，留着下次再用。这里劝告大家，真别在不该省的地方瞎省，不然会造成更大的浪费。面膜本身营养丰富，拿下来以后极易带着细菌，另外，螨虫吸收了那些营养，也会越变越大，所以大家千万不要把这么可怕的东西再往脸上敷了。

3. 敷面膜的时间一定不要太长

不少人做面膜时总希望面膜敷在脸上的时间长一些，以为这样就能够吸收更多的营养，其实这样的想法是错误的。如果你敷那种剥离式的面膜可能还好，因为它不舒服，你就巴不得赶快拿下来，但要是很温柔的织布式或棉布式的话，因为它里头有很多精华素，所以很多女孩就有完全"吸干"它的想法，觉得不这样就太亏了。其实，敷的时间过长，皮肤里面的水分反而会被吸回到面膜里面，一些养分也会被带走，所以千万不要将面膜敷的时间过长。

4. 不同面膜有不同的使用频率

涂抹型的面膜一周敷一到两次，用多了就会营养过剩。而且，美白的面膜比较干，做多了皮肤会变干燥，也会影响皮肤的水油平衡。

美白的面膜属于功效性的面膜，很容易造成皮肤缺水，所以可以适当在中间穿插做补水的面膜。

如果你注意了这些面膜的使用方法和禁忌，那就赶紧开始正确使用你的面膜吧，让你的肌肤在忙碌的生活中得到休息和保养，焕发年轻的光彩。

第三节
化妆，美化形象的绝招

得体妆容的"八字箴言"

每个女人都应该学一些基本的化妆技巧，这是女人爱自己的一种表现。化妆不仅能改变女人的外在形象，还能改变女人的内心，让女人更自信、更从容地面对人生。爱美而聪慧的女人都应该懂得用化妆来弥补容貌的缺憾，色彩、线条、层次……这些化妆技巧能让女人瞬间焕发出光彩。

看看下面的"八字箴言"并加以熟练运用，你也能成为化妆高手。

正确：正确是化妆最基本的要求，是化妆一定要把握基本的原则。比如画眉毛，要知道眉毛正确的起始点和高度、角度等原则，否则即使你画得再用心，也难免会给人不顺眼的感觉。一般来说，眉头的起始位置和内眼角的位置是一致的，"三庭五眼"所说的"五眼"便是在两个眉头之间可以放下一只眼睛的长度，如果眉头超出内眼角，两眼之间距离过短，人会显得压抑，相反，如果两眉间距离过宽，人会显得呆板、缺乏活力。因此，在初学化妆时，一定要搞清楚各部位化妆的基本要求。

精致：精致其实是化妆过程中比较容易达到的，只需要在化妆过程中多一些细心和耐心，再加上每时每刻保持形象不松懈的意识，就能使自己的妆容给人以精致的感觉。比如涂口红时一定要注意边沿是否整齐清晰，粉底是否薄厚均匀，有无浮粉现象，眉毛修得是否整齐，有无杂乱现象，等等。要做到精致，需要的只是你的反复练习和坚持不懈。

准确：准确是在正确基础上的进一步要求，掌握了正确的化妆原则，在具体操作时还要做到准确，准确地把正确的化妆原则体现出来。比如说唇形画得好不好，不能单从大小、厚薄等方面来评价，还要学会与自己的脸形、气质及将要出席的场合相匹配。要达到准确的化妆效果，需要经过充分的练习。

和谐：和谐是化妆的最高境界，和谐的妆容能自然而得体地表现出你的个性和品位。和谐包含三个层面：一是妆面的和谐，表现在各个部位的化妆上，风格、色彩都要统一，比如眉形如果是属于柔美型的，那么唇形也要画成柔美型的；如果眼影是暖色调的，那么口红也要相应地涂成暖色调的，这样才能在整体上达到一种和谐的效果。和谐的第二个层面是妆面与整体形象的搭配。面部妆容要与你的发型、服饰、饰物等相搭配。和谐的第三个层面是妆容与外部环境的和谐搭配。比如你要表达的气质、情感，将要出席的场合，你的职业，等等。

化妆不仅仅是一种美化外表的手段，同时也是情感的表达，它可以体现出女人的生活态度。妆容精致的女人能够传达出她热爱生活、尊重别人、在乎自己以及积极的生活态度，这样的女人往往具有无穷的魅力。

精致唇妆,打造完美双唇

嘴唇是整个面部活动幅度最大的部位了,所以要避免呆板。不是所有的唇形都让人感到心仪的,所以唇妆也要"查漏补缺",打造美唇,让精致唇形为你的形象添加色彩。

要使口红涂上去能够出现鲜亮、健康的血色,就要防止嘴唇干裂、脱皮,因为嘴唇干裂时,再漂亮的口红也很难涂上去,再有光泽的口红也会显得不自然。所以说,唇部化妆的效果如何,很大程度上取决于唇部自身的健美。

下面是唇部化妆的几种方法。

1. 描唇的三种基本手法——内描、外描、直描

当手持一支色泽醉人的唇膏时,如何在唇上描画,画出叫人惊艳、迷人的嘴唇呢?

三种唇轮廓的描法,可表现出三种不同的风格与韵味。

(1)直描法。将唇形以带锐角的直线形涂唇膏,给人青春而活泼的感觉,少女可考虑此描法。

(2)内描法。是将轮廓描在原有唇形的稍内侧。此种描法,充分表现知识性而敏锐的气质,适合现今事业型的女性。

(3)外描法。 在原有唇形的稍外侧,描上唇的轮廓,使朱唇整体显得丰满些,充满女性柔情、性感的韵味。

2. 改变唇形的方法

涂口红之前，应用唇笔勾出唇线，唇线越接近原来的唇轮廓越显得自然，不过，也可利用唇线的描绘改变唇形。

（1）小唇化大。画唇线时可超过天然唇线之外，颜色宜选醒目的口红。

（2）大唇化小。唇线宜画在天然唇线以内，宜用接近唇色的口红，如唇部突出，用深色口红会使之内陷些。另外，涂粉底时可使之压上天然唇线，然后再用唇笔画出较内收的唇线。

如果身形苗条，宜采用娇俏唇形，即双唇尽量画薄，唇峰要稍尖高；若是体态丰满者，则宜选用丰满唇形；大唇改小时，唇线在嘴角即开始收入，而唇中几乎不收，唇峰画得较钝。

（3）改变厚度。双唇薄的女人，如使用鲜艳色彩的口红则可使唇部突出而丰满。上薄下厚的嘴唇，可用深色描绘下唇，再用亮度高的口红涂抹上唇，即可起到平衡上下唇的作用。

至于厚唇者，可用深色唇笔强调唇峰的角度，唇线可加宽些，只在剩下的部分将唇形以带锐角的直线形涂唇膏。

（4）改变"苦相"唇。下垂的唇角没有笑意，是不会令人愉快的，要加以改变并不十分容易，最好是将唇角拉平。方法是把下唇画得丰满些，近唇角处画得稍厚些；而上唇角处两边修薄些，形成上薄下厚的嘴唇。还可在上唇角处用唇笔涂上一点，使之有上扬的感觉。

3. 唇上有纵纹如何涂口红

嘴唇表面纵纹多的人，口红容易进入纹中，顺着纵纹渗进去，使嘴唇轮廓线模糊，也会形成嘴唇色彩斑驳，影响美观。

用油分少的铅笔型唇笔描唇廓线,可以限制口红的渗开,另一种方法是,淡抹一层口红之后,用纸巾或纱布轻轻在唇上按一下,吸去口红中的油分,然后再涂一层,再用纸巾按一下。吸去油分之后,唇面上只留下油分很少的口红颜色,就可以降低渗开度。

唇部纵纹会影响美容效果,化妆仅是弥补的权宜办法。要根本解决问题,应加强对嘴唇的保护。形成唇部纵纹的原因之一是干燥,因此,要经常搽滋润膏,保持唇部的湿润。

4. 强调红唇的重点部位

上下嘴唇的突出点是"晶"字形,上嘴唇的上唇结节、下嘴唇的中间两点,有如黄豆大小的三个凸起点。这三个凸起点明显的人,嘴唇的立体感强;三个凸起点不明显的人,唇形则平直。如果要使嘴唇生动,呈现出立体形象,就应该用口红色来塑造出红唇的重点部位。位于人中线下的上唇结节,是整个上嘴唇的最突出点,可以涂浅亮色口红,并用同样的口红涂在下唇的凸起点上,然后在其余部位涂上略深一些的口红,但要注意亮色与暗色的自然过渡。

运用化妆小技巧遮盖粉刺

一早醒来,你发现自己脸上长出粉刺,不要惊慌,你需要赶快想出应对策略。我们可以涂抹格外红润的唇膏以及眼部烟熏装;还可以让头发蓬松地垂下来,这样不仅可以转移人们的注意力,而且能够起到掩盖作用。

如果粉刺持续不断地出现,且看起来像"荧光漆"一样发亮,这就不仅是在破坏你的好日子,更是在毁掉你的好心情了!你一定要处理它们。

用指尖蘸一点遮瑕霜去遮盖,用手指把遮瑕霜均匀推开,然后用遮瑕霜扫在凸起或高起的部分做修补,其后用粉扑轻拍有问题的斑块。小心地等待其变干,再上定妆粉遮盖。

不能在正在发炎甚至化脓的粉刺上涂遮瑕霜,粉刺有脓或形成伤口的话,很容易感染细菌,处理不当流出脓水更加不美观。

同时,在遮盖粉刺时,还有几个小技巧要注意。

(1)手法:用手指腹轻按,而不是用手指涂抹,那样只会把遮瑕霜抹掉。按的动作可以把遮瑕霜均匀地按进细纹中和凹凸的地方。

(2)时间:遮瑕霜要在粉底之后用,这时会更看清楚哪些部分需要修补。

(3)最后步骤:无论任何部位,最后都要扫上碎粉定妆,可吸去油分,也可让效果更持久。

(4)勿遗忘部位:鼻子下、人中位置和双眉之间的颜色都不太均匀,可以用化妆海绵略加调整修饰。

虽然涂抹化妆品可以达到效果,但是厚厚的化妆品不仅会延缓斑块的愈合,弄不好,还会让这些粉刺更加明显。

如果你能容忍这些粉刺,那么在家的时候就不要在脸上涂抹任何东西。清洁皮肤,自然干燥,然后自然恢复。另外,不要用手挤粉刺。

眉部化妆的正确方法

画得过粗的眉毛并不好看,用细眉笔随便画的眉也不漂亮,那么,如何画眉才会显得恰到好处又为形象加分呢?

1. 根据脸形来画眉

平时画眉,主要在于好看,使脸部更美,使形象更迷人,所以与自己的年龄、脸形相配即可。现在列举几种基本的脸形与眉形的配合方法:

(1)尖形脸的眉态化妆。也就是逆三角形的脸,这种脸形多半是瘦人居多,为了使脸颊看起来不至于消瘦,可将眉头往中间稍加一些,画法与方形脸正好相反,使重点集中在额头,脸颊自然就可以显得胖些了。

(2)长形脸的眉态化妆。长形脸的眉毛应画平,只能稍微弯一点,不必画眉峰,眉与眼头呈直线,这样可以缩短脸的长度。

(3)方形脸的眉态化妆。方形脸的腮骨较大,为了平衡腮骨的凸出,可将眉头稍许往外移一点,眉峰也跟着往后移,眉毛较短,像这样将眉毛往脸的外围移去,腮骨也就可以显得小些。

(4)椭圆形脸的眉态化妆。眉头应与眼头呈直线,慢慢高起,至眉峰处往下斜,眉峰应在眼球的外围。眉头较粗,眉尾较细,这是眉毛标准画法。

(5)圆形脸的眉态化妆。眉部和眼头呈直线,逐渐往上挑高,直到眉峰处再往下画，眉峰在眼睛的正中心，这样使圆形的脸看起来比较长。

2. 气质与眉形的画法

眉毛是眼睛"框子"的另一部分，眉的形状非常重要，它能使你看起来或快乐或悲哀，或懦弱或勇敢。

因此说，眉、眼线、眼影的不同描画，可以显出你不同的气质与个性。下面介绍五种不同的眉形气质的画法。

（1）年轻而富健康美。眉描成粗的直线，眼线沿着眼睛描短一点，把眼睛描成圆形，眼影用黄色和绿色，眼睛弄成亮亮的，口红用橘红系的火焰色，这样就显得年轻。

（2）富有魅力的美。眉描得粗而淡，眼线画到眼尖约三厘米为止，以后的部分沿着眼睛自然描绘。假睫毛先把它卷曲再粘上去，特别强调眼尾部分。眼影用绿色，弄成模糊，强调眼睛的美。口红把嘴唇描成小山字形，像樱桃似的。因为眼睛的美非常可爱，再加上珊瑚色的口红，更加显出魅力。

（3）富有个性的气质。眉描成细长而带着圆形，眼线沿着眼睛描绘，眼尾的地方稍许向下垂。眼影用金黄色，显出闪烁发光的双瞳，上面粘上双重的假睫毛，下面也极自然地粘上假睫毛，可以使眼睫毛和金黄闪烁发光的眼影显得更大。用口红稍许画些轮廓，稍许丰满一点。用浅褐色系的口红来调和，既漂亮又显出个性美。

（4）富有理智的气质。眉梢微描细点露眉角，眼线沿着眼睛自然地描绘，眼影用浅绿色。涂口红时，嘴角稍许向上，颜色浅些，因为眼的化妆比较老气，所以用新的口红颜色来调和，显得端庄大方而有理智感。

（5）神秘的感觉。眉毛描成细而长的弧形，眼线在眼尾处稍许向上，眼影涂紫色大而晕开色，再涂银色。紫色的眼影和银色相配，可以显出神秘的美。为了配合眼睛的化妆，所以口红用的是浅的粉红色系，令人有冷若冰霜而又蕴藏着神秘的感觉。

3. 让眉毛显示独有的个性

眉毛最富于性格特点，画眉时如果能将眉形与个性气质、脸形特点和化妆定位结合在一起，就能使你的妆容呈现独有的个性。

俗话说，眉毛的形状决定女人的容貌，不少人因为改变眉形而变得更美。

最标准的眉形应是自眼首开始，至眼眉及鼻翼延长线交接点为眉毛所在，眉峰则在其 2/3 处。但这不是绝对的。你完全可以在悠闲的时日里多进行一些尝试，找出适合自己的漂亮眉形。如果你喜欢给人以豪爽的印象，就要把眉画得直一点；如果你喜欢别人觉得你温和善良，可以把眉描得弯一点；如果你想给人一种聪明能干的印象，可以把眉略微描得竖一点。

描眉前首先是设计眉形，以眉弓骨为中心，上下平衡是最理想的。对于不同脸形的人，在此基础上可进行演变。

如圆脸形人的眉毛稍向上挑，长脸形的眉毛可稍平些，额头较宽者眉形可设计得略长，双眼距离过远时还可适当加长眉头等。然后将少许清洁霜涂在眉毛上，用酒精轻擦局部皮肤，用镊子或小型止血钳拉紧皮肤后从内眼角处的眉毛开始，顺着眉毛生长的方向按已设计好的眉形修眉。

修眉时，眉头、眉弓的最高点及眉梢处应特别细致。

眉毛上下边不一定修得太整齐。整个眉形要体现出从眉头至眉梢逐渐变细。

两侧的眉形一定要修得高低宽窄一致。眉毛修好后，用酒精棉球擦拭消毒。待干后可少许涂些紧肤水，并用眉刷梳顺眉毛，使修整后的眉毛看上去更加柔和自然。

也许有的人会觉得眉毛不起眼，但是眉毛修饰得漂亮与否其实对一个人的形象是十分重要的，所以，别让眉毛影响了你的形象。

眼部化妆的六个技巧

眼睛是个人形象的重点，它是最传神也是最有表情的部位。如果你想让你的形象更有魅力，那么一定不能忽视眼睛的美化。

具体来说，眼部的化妆有以下几个技巧。

1. 两眼距离太近的化妆

两眼太靠近，会使人产生愤恨、忧虑之感，个人形象会大大扣分，必须通过眼部美化消除之。其要点是，把美化的重点部位放在两眼的外围。

在两眉之间，可用眉钳将多余的眉毛拔去，使两眼间的距离显得稍远一些。还应在双眼的内侧及鼻子外侧涂上粉底。

涂眼影时，可在上眼皮靠近睫毛处涂抹一层淡淡的明亮眼影，在其外部至眉骨处，涂以较柔的暗色调眼影。应将两者抹匀、揉开，以免留下较明显的分界线。

画眼线时，可从上眼睑内侧中央稍外处开始，往外画至眼角。

涂睫毛膏时，也应强调两眼的外侧部分。上下睫毛均应从靠外侧处开始逐渐加浓，便可将两眼距离拉远一些。

2. 两眼距离太远的化妆

同两眼距离太近的化妆法相反，两眼距离太远的化妆的方法是把重点放在双眼的内侧。

选用的眼影宜为暗色调的。涂时，可从双眼间和鼻子外侧处，往上涂抹，至眉毛下部。靠近鼻子处的眼部宜抹稍深色调的眼影，令靠鼻子处感觉深而重；眼尾处则宜用稍柔和些的色调。

画眼线时，也宜用暗色调的眼线液。可从眼睑内侧内眼角处开始，较清晰地画至眼睑中央，再往外画时则逐渐变浅些。

可以在眼睛中央加上假睫毛。涂睫毛膏时，也宜在睫毛中央部分涂刷。

3. 眉毛与眼睛距离太近的化妆

眉毛与眼睛相距较近的人并不太多。化妆时，当然应尽量令人不去注意太窄的上眼皮，可用眉钳略微拔除一点双眉下侧的眉毛。

在涂眼影时，应选用中间色调、稍亮些的眼影，可涂在眉骨附近，切不可太靠近眼睑及眉骨。

画眼线时，应突出下眼睑的眼线。宜用蓝色的眼线液画眼睛内侧的眼线，可令眼睛白的部分明显、黑的部分突出，使人注意力集中在眼珠上。

涂睫毛膏时，可以涂浓一些，如能戴上假睫毛就更好了。

4. 眼角下斜的化妆

利用化妆整理眼形，一个方法是强调原来的形象，加强自然印象；另一个方法则是适当改化，使它接近于标准眼形。有的人使用第二种方法，以化妆品来掩盖自己眼形的缺点，但旁人看来反而有失去了原来魅力的感觉。因此，下斜眼也未必一定要修整和改变，最好还是在自然印象上多花心思，画出最适合自己的眼妆。

掩盖下斜眼，重点是眼头方向要有降低的感觉。化妆时眼头的眼线和眼影都要略微画低一点，而眼尾的眼线和眼影则略上扬，这样就平衡了。如果只顾改作上斜，把眼尾线向上扬，忽略了眼头的方向，是不会显得很自然的。相反，上斜眼的调整是把眼角上的眼影染高一点，眼睑、眼尾处的眼彩和眼线弄宽一点。

5. 小眼睛的化妆

眼睛的大小，主要取决于眼裂的大小。要让小眼睛显大，就必须用视觉造型的手段，运用色彩与线条的变化，来增加小眼睛的神采，使小眼睛外形轮廓与眼部整体结构形成新的形象。但各人的眼形和条件不同，化妆的方法也不可能一样。

（1）涂眼影、画眼线、上睫毛液，使眼睛生动传神，以神韵和力度、色彩和光彩弥补眼睛小的不足，颜色和线条的深浅粗细要适度，不要过分。

（2）眉毛不要描画得太深，这会使得眼睛在与眉毛的对比之下显得更加小而无力。眉毛应作为眼睛的陪衬，修饰得纤细、自然。

（3）可以强调眼睑的边缘线，即用画眼线的方法使眼睑放宽和加长。适当加深和画宽眼睑的边缘线，可以增大眼裂的视感，上眼睑的眼线在外眼角处极自然地向外侧延伸，也可以扩大眼裂。在画下眼线时适当浅淡一些，在外眼角处呈水平状逐渐消失，不必与上眼线会合，以免使上下眼线将眼睑边缘框得过于死板。

（4）从上眼睑边缘开始涂深色眼影，慢慢向眉毛处逐渐变淡；下眼睑涂浅色眼影，有扩大巩膜之感。但是，用颜色改变眼形有一定的局限性，而且如果过分会适得其反。如果下眼睑涂的颜色太浅，就会成为难看的"翻眼皮"，所以，在色彩的深度、面积的大小上都要严格把握分寸。

（5）卷睫毛和涂染睫毛液，可以扩大眼睑缘轮廓线，使眼睛看上去显得大而亮。

6. 圆眼睛的化妆

由于使用眼影会使眼睛看上去变宽一些，所以，圆眼睛的人应选用浅淡色调的眼影。

在涂眼影时，可以用一种颜色的眼影涂满整个眼皮，从眼皮中央开始向斜上方一直涂到眉骨处。在下眼睑中央以下至眼尾处，可用眼影抹成晕头，使上下眼线在眼尾处相交成三角形。而后，可用同色系的、较暗些的眼影涂在眼窝线上，其尾部应与眉毛平行。

画眼线时，整个眼睑均应画上，可用深色的眼线液，并往双眼眼角外稍稍延长画一点。

涂睫毛膏时，只在中间和外眼角涂即可，靠近内眼角的睫毛不宜涂，但内眼处应涂上少许。

不同脸形的化妆方法

化妆的方法会根据脸形的不同而不同，如果想化一个适合自己的妆，让自己的形象看起来更引人注目，那么一定要了解自己的脸形。具体来说，不同的脸形应该如何化妆呢，这里有一些有效的方法。

1. 圆形脸化妆法

圆形脸的特征是脸短而颊部浑圆。化妆时，在脸部中央的额头、鼻梁和下巴前方抹上明亮色，相对在太阳穴及双颊涂抹比肤色更暗的粉底，这样可产生立体感，有修长脸形的效果。画阴影须从脸颊后方向前由深至浅逐渐淡化，明暗两色，粉底交会处要色调融合，以免出现明显的界线。腮红不宜有凸起的感觉，要有一股缓和之气；描眉的要领是取上升线，并画出清晰的眉峰，眉毛较短的可用眉笔将眉尾适当延长；眼影应从眼睑中央开始朝外且顺着眉毛方向刷，显出纵向长度；眼线尽量画在贴近上睫毛的地方，末端向上、超出眼尾；口红宜选用稍微暗淡的颜色，如橘色、米白色之类，更重要的是画出鲜明的唇山轮廓，不可给人以圆唇形象。

2. 菱形脸化妆法

生有菱形脸的女人通常偏瘦，脸部没有多余肌肉，额头狭窄、颧骨高耸、下巴尖伸，整体轮廓过于刻板瘦削。菱形脸的化妆要点是将尖锐的线条改得和缓、柔顺些，以消除生硬的印象。眉形宜取舒缓的长弧状，强调眉头；在颧骨部分和下巴尖处染渲影色，鬓边和颊下则染匀明色，这样，突兀的颧骨和尖削的下颌即会在视觉上得以消减，同时，凹陷的额角和脸颊也能显得丰满。

3. 椭圆形脸化妆法

椭圆形脸是传统美人坯子最基本的条件。这种脸形的化妆方法是：用眉笔由内向外修饰眉形，再以棕色眼影在眼角部位上色，中间部分选用白色眼影，眼尾则涂刷灰色眼影以加重明眸的深邃感；腮红采用浅粉红色系，沿着颧骨扫向眼窝下部的方向；最后以唇线笔勾画出唇部轮廓，并用粉红色唇膏涂匀。椭圆形脸宜以褐、灰做基调，但也可考虑深色系。要使脸部更具立体感，可在额际施少许腮红。

4. 大脸庞化妆法

大脸庞的化妆须使用明亮色突出中心。化妆时，在脸部中央施以较浅色的粉底霜，在边缘部分则施以较深色的，这样，脸庞就会显得小一些。此外，头发可以采用包起来的式样，如蘑菇式、童花式等；着装宜穿有垫肩的衣服，使人视觉上产生错觉，感到脸庞与身材之比例尚合适。

5. 心形脸化妆法

圆额、丰颊、尖颏是心形脸的特征。心形脸的化妆法是：用深灰色的眉笔或眼影粉均匀地勾出眉形，然后以桃红眼影在眼角着色，以灰蓝眼影在眼尾上色，中间涂刷白色眼影作为亮点；腮红选用较深色泽的，由外扫向眼窝上部的方向，如此可使脸颊看起来狭窄些；唇部则以深橘红色为主色。

6. 三角形脸化妆法

三角形脸的下半部阔而鼓胀，化妆时应尽量缩小下颌线条，在颊部刷较宽的阴影,并延伸至下巴附近,使宽阔、饱满的下巴不致太明显;额头施以较明亮的色彩使之显得较宽,眼尾部分亦使用明色调的眼影;眉毛以画直为佳,末端微微上斜;口红曲线力求自然,尤其下唇要有分量感。

7. 倒三角形脸化妆法

倒三角形脸较宽,但脸庞下半部即从颊至下巴处较纤细。化妆重点是把过分瘦削的颊改得丰润一点,以增加温柔与可爱感。选用深色腮红在颊骨部位横向染入,如此可掩盖脸部阔度,同时用渲影色使宽额紧收,用匀明色使尖削的颊与颏显得丰满;唇与眉取圆滑的弧形,眉毛呈一个弧度往下,眼影亦向下涂成朦胧状态,睫毛膏在眼角处染得浓些。另外要注意的是色彩宜明朗,勿用暗淡浑浊的颜色。

8. 长面孔化妆法

脸庞过长者宜使用腮红,以颧骨为中心横向刷,延伸至鬓,脸上较为饱满的地方则无须搽。额际横向施染渲影色,下颏也用渲影法使之缩短。强调眉、眼、唇等有表情的部分,描画锐角粗浓的长眉,并在眼角与眼尾横向涂渐层眼影,涂染睫毛膏,使眼睛顾盼生辉;口红须涂得比嘴唇略宽,画出清晰的唇山与嘴角。如此,可使面孔看上去能宽一些、短一些,且给人以积极的印象。

9. 钻石形脸化妆法

颧骨宽、上颌窄、尖颏是钻石形脸的特征。钻石形脸的化妆法是:先柔和地描出眉形,以减少强悍之感;以橙色眼影为眼首部位着色,眼尾用褐色眼影,中间则以白色调和眼形,最后以一点点绿色突出眼部轮廓;双颊使用深色系腮红,在颧骨处由外扫向眼窝上部的方向,越深越好。因为加重腮红,有助于掩饰过于突出的颧骨;唇部同样以选择深色系唇膏较为理想。

10. 方形脸化妆法

额宽、颧满、下颌骨向左右横扩是方形脸的基本特征。方形脸的化妆要点是:尽量改变棱角分明的形象,用阴影渲染,造成曲线柔美的感觉。眉毛宜微微上挑,呈长弧形,以褐色系为主色。眼部亦选用褐色眼影,显得自然柔和;双颊以较深色泽由颧骨扫向眼窝下部的方向,加重腮红,使脸形看起来不那么方阔;下颌也以渲影色掩饰突兀、硬朗的线条,让颏显得窄一些;唇部选用深色唇膏,要涂得丰润柔顺,避免锐角。

11. 戴眼镜者的化妆法

戴眼镜的人最好采用较亮丽的化妆,眉毛应与眼镜框平行描绘,眼影不宜浓,要用与镜片相近的颜色,淡淡涂抹,达到梦幻般的效果;眼睛须画眼线、染睫毛膏使其灵活、生动;腮红涂抹在眼镜框外,口红颜色应配合镜框。眼镜式样与色彩要精心选适合自己的,这样才容易化妆。

掌握不同脸形的化妆技巧,可以让化出来的妆更好看,个人形象也更好、更有自信。

第四章 修炼气质,提升形象

第一节
第一印象永远没有第二次

这是一个两分钟的世界

　　第一印象是你在与人初次接触时给对方留下的形象特征,心理学上称为"首因效应"。第一印象在人际交往中所具备的定式效应有很大的稳定性,一个人留给他人的第一印象就像深刻的烙印,很难改变。

　　心理学家研究发现,人们的第一印象的形成是非常短暂的,有人认为是在见面的前40秒钟形成的,有人甚至认为只有2秒钟。而在现实生活中,有时确实是几秒钟就可以决定一个人的命运。因为在生活节奏如同飞快奔驰的列车的现代社会,很少有人会愿意花更多时间去了解、证实一个留给他不美好的第一印象的人。

　　英国形象大师罗伯特·庞德说:"这是一个两分钟的世界,你只有一分钟向人们展示你是谁,另一分钟让他们喜欢你。"现代社会,人们的生活节奏非常紧张,尤其是在商业活动中。"时间就是金钱",如果你没有在见面的前两分钟给别人留下美好的第一印象,就不能奢求别人花更多的时间对你进行深入了解。因为人们已经在两分钟之内对你做出评判,并且决定了是否给你机会进行更进一步的交往。

　　如果你是一名业务员,你见的客户在第一时间就会判断他对你有没有好感。几分钟内的第一印象,就会决定下一次他还会不会见你。如果你穿着带有污渍的西装,匆忙中又忘记带会谈需要的资料,一副急匆匆的样子，说话也吞吞吐吐，感觉不清晰，那你的客户在两分钟内就会叫你走人，或留下一句敷衍的话，"如果我们有需要会和你联系"，你的拜访就彻底失败了，而失败也许就决定于你刚刚与你的客户握手的一刹那。

所以，不要小看这几分钟，这几分钟也许关系到你能否拜访成功，也许关系到你能否应聘成功，也许关系到你生意的成败……面试时，两分钟的时间不足以让你出示自己的成绩单、学历证书以及各种能证明你的学识和能力的东西；洽谈业务时，两分钟的时间也不够向客户展示你的产品品质如何优良、性能如何完美……在两分钟时间里，人们几乎完全根据自己看到的东西所形成的印象进行判断。糟糕的第一印象会让你丧失潜在的合作机会；相反，美好的第一印象会帮你打开机遇的大门，为以后的成功打下坚实的基础。不管人们承认与否，第一印象总是在决策中起主导作用。

给别人留下什么样的第一印象，衣着打扮是否得体往往起着决定性的作用。弗兰克·贝德格在《我是怎样成功地进行推销的》一书中说："初次见面给人的印象的90%产生于服装。"人们普遍喜欢那些穿着得体的人，而厌恶那些穿着邋遢、不修边幅的人。

在一次招聘会中，大学还没毕业的小苏遇到了澳大利亚某咨询公司的老总。身穿职业装的小苏用她那知书达理、精明强干的外在形象以及高超的自我展示能力很快赢得了这位老总的青睐，不但当场就决定雇用她，而且还付给她研究生待遇的工资。她那身得体的职业装在几秒钟之内就可以让老总知道她有从业经验而且懂得商务礼仪，这比别的毕业生费时费力地讲述自己曾在哪里实习、获得过哪些奖励、有过什么业绩要有效得多。

可见凭借良好的形象,刚刚步入职场的你就能站在较高的起点上,为自己的事业奠定第一块基石。

第一印象只有一次,无法重来。不可能因情绪欠佳而宣布改期重来。所以,一定要保持良好形象,在两分钟内成功推销自己。

形象如同天气,没有谁喜欢雾霾

有一位贫穷的哲学家,生活潦倒。当他是单身汉的时候,因为没有钱,只能和几个朋友一起住在一间小屋里。尽管生活非常不便,但是,他一天到晚总是乐呵呵的。有人问他:"那么多人挤在一起,连转个身都困难,有什么可乐的?"哲学家说:"朋友们在一块儿,随时都可以交换思想、交流感情,这难道不值得高兴吗?"过了一段时间,朋友们一个个相继成家了,先后搬了出去。屋子里只剩下了哲学家一个人,但是他每天仍然很快活。那人又问:"你一个人孤孤单单的,有什么好高兴的?""我有很多书啊!一本书就是一个老师。和这么多老师在一起,时时刻刻都可以向他们请教,这怎能不令人高兴呢?"

几年后,哲学家也成了家,搬进了一座大楼里。这座大楼有七层,他的家在最底层。底层是这座楼里环境最差的,上面老往下面泼污水,丢死老鼠、破鞋子、臭袜子和杂七杂八的脏东西。那人见他还是一副自得其乐的样子,好奇地问:"你住这样的房间,也感到高兴吗?""是呀!你不知道住一楼有多少妙处啊!比如,进门就是家,不用爬很高的楼梯；搬东西方便，不必费很大的劲儿；朋友来访容易，用不着一层一层地去叩门询问……特别让我满意的是，可以在空地上养些花、种些菜。这些乐趣呀，数之不尽啊！"

后来，那人遇到哲学家的学生，问道："你的老师总是那么快快乐乐，可我却感到，他每次所处的环境并不那么好呀。"学生笑着说："决定一个人快乐与否，不在于环境，而在于心境。"

我们经常说，苦也一天，乐也一天，那么为什么不乐着过这一天呢？就像上文中的哲学家，即使他整天愁云惨雾，抱怨贫穷，他的日子也不会好过，自怨自艾，只能使自己更加悲惨。相反，他用乐观的心态，用心体会身边每一个快乐，忽略每一个痛苦，因此使自己永远快乐。

更重要的是，没有人喜欢一脸愁苦的人。当我们整天愁眉不展时，不仅自己不好过，还会影响他人的心情。谁都喜欢和拥有正面能量的人在一起，感受他们的正面气场，没有人会喜欢一脸愁苦的人，因此，这样的人，会渐渐地连朋友都没有了，众叛亲离。所以，必须改变这种愁眉苦脸的状态。下面列举了一些有效消除消极情绪的方法。

（1）将工作、生活中遇到的烦心事写在一张小纸条上，然后针对每一件事，想出一个方法来解决。可以请家人或朋友帮忙想对策。这样你就会发现，没有什么事是真的解决不了的。

（2）当你感到很愁苦时，可以邀请几个亲朋好友去聚餐，或者去短程旅行，或者去观赏一部电影。

（3）找一个可以信任的人畅谈一次，把自己的压力和不快都倾诉出来。

（4）不要将所有的责任与重担都背负在自己身上，学会信赖他人，要学习适当地分担与合作。

（5）寻找最近自己处理得比较成功的一件小事，或者自己做的一件好事，然后买一件礼物送给自己，作为奖励。

（6）不要让自己经常陷于孤独之中，要与老朋友保持联系，也要结识一些新朋友，保持自己精神上的充实。

（7）可以适当地自我陶醉、自我赞美一番，使自己具备良好的感觉。永远自我感觉良好，也是不错的状态。

（8）多看一下幽默的故事或电影，放松自己的身心，让自己开心地笑一笑。让别人知道，愁眉苦脸不是你的特点，你是很有幽默感的。

（9）要适当地休息。可以采用各种各样的休息方式，尽量放松自己。

总之，愁苦的状态是可以改变的，也是必须改变的。因为没有人喜欢一脸愁苦的人。当你通过自己的努力，使自己脸上充满笑容时，你会惊喜地发现，原来你真的很快乐。而积极、乐观的正面气场会使你生气勃勃、精神焕发。

培养快乐心情，树立乐观形象

人生是一种选择，个人形象也是一种选择。不一样的选择会有不一样的结果。你选择心情愉快，你得到的也是愉快，呈现在别人面前的也是一副快乐的形象。你选择心情不愉快，你得到的也是不愉快，当然给别人的也是一副不快乐的形象，甚至是悲观形象。我们都愿意树立乐观快乐的形象，不愿意给人悲观的印象。既然这样，我们为什么不选择愉快的心情呢？毕竟，我们无法控制每一件事情，但我们可以选择我们的心情，控制我们的形象。

每天清晨都告诉自己：生活是如此美好，我感到很快乐。懂得为自己歌唱、为生活歌唱、为生命歌唱的人，快乐就会紧紧相随。当你快乐时，周围的人受到你的感染，也乐得心情舒爽、开朗，自然喜欢与你亲近。

其实，快乐和悲观都很简单，就像吃葡萄时，悲观者从大粒的开始吃，心里充满了失望，因为他所吃的每一粒都比上一粒小。而乐观者则从小粒的开始吃，心里充满了快乐，因为他所吃的每一粒都比上一粒大。悲观者决定学着乐观者的吃法吃葡萄，但还是快乐不起来，因为在他看来他吃到的都是最小的一粒。乐观者也想换种吃法，他从大粒的开始吃，依旧感觉良好，在他看来他吃到的都是最大的。悲观者的眼光与乐观者的眼光截然不同，悲观者看到的都令他失望，而乐观者看到的都令他快乐。

知道悲观是快乐的一大敌人之后，我们就要想方设法克服悲观的情绪，树立乐观的形象。如果你是那个悲观者，你不需要换种吃法，你只需要换一种看待事物的眼光。

生活中有许多为人所追求的舒适的物质享受、为人欣羡的社会地位、显赫的名声等。今日的青年人追求的"时髦""新潮""时尚""流行"，也是一种"世味"，其中的内涵也不离物质享受和对"上等人"社会地位的尊崇。专注于此，人就会像被鞭子抽打的陀螺，忙碌起来

——或拼命打工,或投机钻营、应酬、奔波、操心……你就会发现快乐越来越远,自己很难再有轻松地躺在床上读书的时间,也很难再有与三五朋友坐一起"侃大山"的闲暇,你忙得忽略了孩子的生日,你忙得没有时间陪父母叙叙家常。这虽然是令人烦恼的事,但你要试着从容面对得失,重新培养快乐的心情来面对一切。

有一个人,他觉得自己从小到大都是一名失败者,失败永远陪伴在他的身边,因此他从来都不快乐。他感到上天的不公平,于是,他决定去询问别人快乐是什么。这个人翻山越岭,来到河边,见到一位老翁,就走过去问:"老人家,快乐是什么?"那位老人回答他:"快乐就是每天都能钓到鱼,那就是快乐。"这位年轻人继续他的旅途,他渡过了河,来到了森林中,遇见一个正在打猎的中年男人,就问他:"快乐是什么?"那个中年男人回答他:"快乐就是每天都能捕获野兽。"

在每个人的字典里,对快乐的定义和认识都不一样。很多人之所以不快乐,原因有很多:因为要严于律己,所以对自己的要求与批评就很多,期望也就过高,常常造成否定自己的心态;认为自己很多地方都不够好,因此也没有理由让自己快乐起来。久而久之,就产生了自卑感,失去了自信心,认为自己的存在没什么价值,因而活得非常消沉,甚至厌世;可能由于我们太渴望成功,总以为只有取得了成功我们才会快乐。也正由于此,我们可能会给自己设定一个很高的目标,认为实现了这个目标人生才是成功的,同时我们也因为眼睛只盯着这个目标,忽略了身边很多美好的和值得珍惜的事物。成功的希望是好的,但不要让它限制了我们的目光和心情,有的时候如果我们把眼光关注于自己力所能及的事情上,也许生活在你不同的眼光里就会变得快乐起来。

快乐的人生态度，总能使人把不幸化为一种机会。哈里·爱默生·佛斯狄克曾说："真正的快乐不一定是愉悦的，它多半是一种思想上的胜利。"没错，快乐源自一种成就感，一种自我超越的胜利，一种将酸柠檬榨成柠檬汁的经历。有了快乐的心情，你就拥有了乐观的形象，拥有了生命的勃勃生机。

微笑使对方在第一时间喜欢你

纽约一家证券公司的负责人脾气火暴，待人比较刻板，以至于影响到他的下属，大家都对他敬而远之，而顾客对他的公司也有意回避。在经营不善的情况下，他去一家咨询公司讨教，领回的锦囊妙计竟是微笑。于是他从自身做起，脱胎换骨，无论早晚，也不分是在门口或在电梯中，遇到顾客或普通的员工，先满面笑容，然后再和人打招呼、谈工作。令他始料不及的是，上行下效，整个公司的人际关系都发生了改变，凝聚力增强了，营业额上升了。微笑给他带来的不仅是好人缘和影响力，还有丰厚的利益回报。

笑是人间最美的表情，是人际关系中最好的润滑剂，是极富影响力的社交武器，如沐春风的微笑胜过千言万语。

在日常生活中，如果你所遇到的人整天紧绷着脸，没有快乐和笑容，那就如同置身于荒漠中看不到绿洲一样单调乏味。而一个人如果能在交往中自然地造成一种和谐融洽的气氛，并慷慨地把自己的快乐和温馨带给相遇的人，那他一定会具有很大的影响力，在社交中立于不败之地。

在这个世界上，人人都希望别人喜爱自己、尊重自己、对自己友好，而微笑就是你对人对己的唯一选择。因为微笑能拉近人与人之间的距离，能融化人与人之间的坚冰，能消除已经产生的矛盾或仇怨。在一定程度上，微笑是生活中人人都不会拒收的礼物。

俗话说得好"笑一笑，十年少"。人们的微笑就像荡漾在人际交往间的春风，笑口常开，春风常在。

在社交场合，微笑具有对应性，真诚的微笑是识友交友的见面礼，是闪烁在人际交往十字路口常明的绿灯。有一副对联写得好："眼前一笑皆知己，举座全无碍目人。"可见笑在重要场合的非凡影响力。

微笑是一笔财富。世界著名的希尔顿饭店创始人康拉德说："如果我的旅馆只有一流客房，而缺乏一流微笑服务的话，那就像一家永不见温暖阳光的旅馆，又有何快乐情绪可言呢？"因此，国外许多公司或者企业的经理，在员工的选择方面，都把笑容可掬放在一个重要的位置上。

微笑是事业的风帆。在人际交往中，先笑赢三分。你办事是否顺畅，在很大程度上也取决于你会不会笑。

真诚的微笑会使人与人之间感到亲近。一位同事向你微笑，你会不还一个微笑吗？一来一往，无形间就缩短了两个人的社交距离。倘若遇到的是一张"哭丧脸"或"死人脸"，你会打心眼里厌恶，绝对不会喜欢和这种人打交道的。

的确，在人际交往过程中，微笑、快乐的笑、开心的笑，都是散发善意、表达好感的表现，可以增加一个人的影响力。常常面露笑容，会让朋友觉得你是可以亲近的人，同时也可以从和你的互动过程中获得肯定与慰藉。

世界语言千百种，笑却是世界上通用的，而且是最受欢迎的语言，一个发自内心的笑容可以拉近人和人之间的距离。它是一种良性循环，因为我们的笑，和朋友亲近了，人缘变好了，自然而然心情愉快，更可以在朋友的笑容里重拾我们的自信心，无形中散发出吸引人的魅力。

笑，是心情愉快的"皮相"表现，也是"善意"的表情，具有穿透人心的力量；不吝啬笑颜，你将能感受左右逢源、处世逍遥的喜悦。微笑、快乐的笑、幸福的笑、开心的笑，都是充满善意、好感的表现。笑口常开，你将拥有无比的影响力，你将会给别人留下更好的形象，让人在第一时间就喜欢你！

热情大方的形象更深入人心

有热情才会有希望，生命中充满热情，生活每天都充满阳光。因此，我们要做一个永远充满热情的人，即使遭遇挫折，也不能失去对生活的热爱。

社会环境是复杂的，它不仅使你尝到生活的幸福甜美，也让你领略一些艰辛，迫使你经受各种各样困苦的磨难和打击。面对这种情况，一些感情脆弱、意志不坚强的人，在心理上就会产生矛盾，变得动摇和厌烦，甚至看破"红尘"，于是生活的热情被压抑，原有的理想、信念统统被扔掉了,他们变得冷漠无情,万念俱灰。

其实,社会本来就是个五颜六色的大拼盘,人生道路不可能总是一帆风顺,只要你心中爱火不熄,热忱就不会失去,光明终会到来。因此,我们首先要有远大的理想和坚定的信念,并以此点燃心中爱的火炬。

一个人总要生活在一定的社会环境和群体之中,离群索居、摆脱对社会和他人的依赖是不现实的。既然如此,如何改造和发展自己所处的社会环境,如何关心他人、帮助他人,以期相互依靠、共同生存,就成了一个人对社会和他人应尽的义务和责任。当然,满腔热情地为社会和他人服务,这本身就需要付出汗水、努力追求,需要时时克服和摆脱私心杂念的干扰和阻挠。从这点看,生活和成功的道路上碰到点麻烦也属正常现象。因此,要激发自己对生活、对社会、对他人的责任感。

爱自己,并不意味着孤芳自赏。关键在于要将这份爱献给他人,使他人感到温暖,这样才能使自己与他人情感相融。"人非草木,孰能无情",一般说来,在爱心感召下,人与人之间是可以互相关心、互相爱护、互相谅解、互相帮助的;你关心他人的疾苦,他人也会帮你分担忧愁,你将喜悦带给他人,他人也会与你共享快乐。只要你将自己的爱心无私地奉献给他人,得到的回报一定也是他人对你的厚爱。

哈佛大学教授威廉·詹姆斯说:"热诚可以改变一个人对他人、对工作、对社会及全世界的态度。热诚使一个人更加热爱生活。当你学会热诚,学会对自己的学习拥有热情,这样在构建成功大厦的时候,你才会打牢自己的地基。"因此,热情待人,热情对待生活,你就会眼睛发亮、脚步轻快，心灵上的皱纹就会消除，你的好形象也将更深入人心。你在照亮别人生活的同时，你个人散发的磁场和吸引力就更加强大，你的生活也会变得更加美好。

健康体魄是好形象的必要条件

　　如果没有健康的身体，所有的内涵和美好形象就失去了根本的载体。得体的仪容、优雅的举止、恰当的谈吐、内在的修养都要依附健康的体魄才能得以展示。如果没有了健康，再靓丽的容颜、再卓越的能力都不会存在，人就会像一朵几近枯萎的鲜花，没了让人心动的生命力。健康使人充满生机与活力，让皮肤光洁而有弹性，使动作潇洒而稳健，所以，保持好形象，拥有一个健康的体魄绝对是必要条件。

　　古希腊哲学家赫拉克利特曾这样指出："如果没有健康，智慧就难以表现，文化无从施展，力量不能战斗，财富变成废物，知识也无法利用。"试想，一个病恹恹的人，谁能相信他有能力胜任一项重要的工作，更不可能作为领导者去带领一个团队。现代社会需要的是精壮强干的人才，美丽的"病西施"并不受青睐。当人们面对你时，希望看到的是一个脸色红润、面容中透着健康的活力与神采的人，这样别人才会信赖你，才会对你寄予成功的希望与信心。

　　有一个非常有名的比喻，名利、金钱等都是"0"，而健康是"1"，有了这个"1"，后面的"0"才会有价值、有意义，而如果没有这个"1"，即使再多的"0"也只代表着一无所有。

那么，保持健康体魄需要何种条件呢？

首先，良好的营养和充分的休息对健康都是很重要的。有句话说"会休息的人才会工作"，拥有健康的体魄，你才能以最大的热忱投入工作，你才会有创造的激情与欲望。

另一方面，一个人对于天生的不尽如人意的身体、容貌，没有必要抱着听天由命的态度。比如，一个肤色不好的人，可以通过经常性的饮食调理和锻炼加以改善。牙齿可以运用手术矫正，姿势可以通过训练使之优美，眼睛也可以通过治疗而显得炯炯有神，等等。

健康是身体外表诸因素中最重要的因素。满意的健康状况，会从一个人的眼神、气色、嗓音以及肌肉运动中显示出来。如果健康状况不佳，缺乏生气，就会给人一种衰弱无力，或者似有隐疾而烦躁不安的印象。

所以，如果你要使自己的形象富有吸引力，首先要保持健康。

一举一动中提升信任度

在人们的心目中，成功者总是更容易让人信任。不管他们出现在哪里，人们总是对成功人士特别信任。所以，说话办事时，如果你要想让别人重视自己，你就要有一些让人信任的表现。想要使自己办起事来更为顺利，你不妨在一举一动中提升自己的形象，使你更像个成功人士。你可以参考下面的做法。

1. 克服紧张

要克服紧张，首先要弄清自己在什么场合容易紧张，例如走进正在开会的房间、在上司面前等。你可以故意多到这种场合去，或者练一套放松体操，坚持每天上床前练习，必有收效；也可以在手腕上套一根橡皮圈，感到自己又要紧张了，就悄悄拉几下。

如果要克服紧张时的习惯动作，先要知道自己的习惯动作是什么。习惯动作都是无意识的、不知不觉中做出来的，所以必须留意才能察觉。还要弄清在什么情况下容易出现这种动作，然后再有意识地克服这种习惯性动作。另外，克服自己的习惯性的紧张要有毅力，别指望长期养成的习惯一朝一夕就可以改掉。

2. 诚恳对待别人

实话实说，是诚恳待人的首要条件。除了说实话，你还要信守诺言，所以，许诺一定要慎重，轻易放弃原则、随意许诺的人也是不值得信任的。另外，你要有自己的见解。你还要以本色示人，不要装模作样，这很容易被人看穿。最后要知道的是，不要怕承认缺点，敢于面对自己弱点的人，最易赢得别人的信赖。

3. 显得充满信心

首先，你要展现出自信的姿态，走路时要抬头挺胸，说话时不卑不亢，你可以常用肯定的表情，告诉别人对自己有信心。其次，说话时不要吞吞吐吐，要条理清晰、把话说得清清楚楚，让别人感觉到你对自己言语的信心，因而更加容易对你产生信任感。另外，你要有强劲的行动力，说到做到的人，是人们最愿意信任的人。

4. 修饰细节

为了使自己看起来更向老板迈进一步，你还必须注意服装配饰等的细节问题。如果一套笔挺的西装，里边却有一个肮脏的衣领，他人一定不会感到舒服。袜子也是一样，你坐着与人谈话时，脚会不自觉地伸出去或跷上来，袜子也就会暴露在人前，如果不干净、不整洁，就会让人反感。

头发、牙齿、胡子也是应该经常修饰的部分。头发一定不要过长，否则就容易乱、容易脏，要按时理发，使自己的头发保持一个精神的式样。胡子要经常刮，牙齿要经常刷，口中不要有异味，尤其在出去谈判时一定不要吃有异味的食物。这么认真苛刻地注重自己的外表，也是你对对方的一种尊重。

如果你与对方谈判或请对方为你办某件事情的时候，衣衫不整、头发蓬乱，对方会感到不舒服，进而不利于双方的合作。对于自己的细节要时时注意，因为这些细节蕴含着丰富的内容。比如，像公文包、钢笔、笔记本、名片夹、手表、打火机等最好都要讲究些。

第二节
看起来像个成功者

好形象需要设计

　　许多人经常抱怨说，由于他们没有像别人那样聪明、漂亮或灵活，因此总感到形象很差，低人一等。其实聪明也罢，机智也罢，甚至伟大也罢，这仅是一种行为表现。如果没有行动，何以给人聪明、机智和伟大的印象呢？

　　你与他们相比，似乎相形见绌了，那是因为你没有行动，没有发掘和表现自己聪明才智的实际行为。一旦你自信起来，积极主动地去追求，你的形象也会大放光彩，令别人刮目相看。其实，这个世界上并没有丑陋的形象，如果有，那必定是设计失败的形象。

　　良好的形象是你的宝贵资源，这份资源令你在追求成功的道路上如虎添翼，在芸芸众生中凸显出高贵的自我。特别注意的是：好的形象有三分源自外表，而有七分是源自内心的。通过内在形象的修炼能大大弥补外在形象的缺憾，让整体形象焕发光彩。如果你把内在的自我、言谈举止同经过修饰的容貌和外形综合在一起，你将发现你的整体形象一定会比天生的样子更富有魅力。相反，有的人先天具有良好的优势，却不懂得去好好设计，以至于留下很多遗憾。

　　小陈去一家外企进行最后一轮总经理助理的面试。为确保万无一失，她做了精心的打扮。一身前卫的衣服、造型独特的戒指、亮闪闪的项链、新潮的耳坠,身上每一处都是焦点,简直是无与伦比、鹤立鸡群。况且她的对手只是一个相貌平平的女孩,学历也并不比她高,所以小陈觉得胜券在握。但结果却出乎意料,她没有被这家外企所认可。主考官抱歉地说:"你确实很漂亮,你的服装配饰无不令我赏心悦目,可我觉得你并不适合干助理这份工作。实在很抱歉!"

如果你对自己的设计感到不满意的话,不妨请别人帮你设计一下。事实上,所有大企业家的领袖和政坛上的政治家、舞台上的艺术家一样,他们的言行举止都是经过设计的。

一位美国企业家坦然承认:"如果你认识昨天的我,那么你就会说今天的我与昨天简直判若两人。因为我现在的一举一动都经过了精心的设计。如果说我们的企业设计有什么标志性的作品的话,那首先就是我。"另一位日本企业家也说道:"我在走向经理岗位之前,公司对我进行了精心的形象设计与培训。因为我要代表一个企业,我必须抛弃原来大众所不认同的东西,比方说一些有个性的习惯等。我为此与形象专家们共同练习了三个多月。"

通过精心的设计与练习,丑小鸭也会变成白天鹅的。但是提升形象不仅要把外表装饰得很体面,重要的是借外在表现内涵。而内涵的提升就需要一个长期不断的修炼过程。你必须从自己本身的条件出发,尽最大的努力,充分发挥自己的特质。外在条件永远是你的助手,只有你才是你自己形象的真正主人。

打造自己的外形

"看起来像个成功者"能够让你感受成功者的自信;激励自己走向成功。因而,当成功的机会到来时,你就是成功者!

成功外形是一个人无形的资产,"看起来像个成功者和领导者",那么幸运的大门会为你敞开,让你脱颖而出。对外进行商务交往时,由于你"像个成功的人",人们可能愿意相信你的公司也是成功的,因而愿意与你的公司进行交易。

为了取得成功,你必须在脑中"看"到你正在取得成功的形象。在脑中显现你充满自信地投身一项困难的挑战的形象。这种积极的自我形象反复在心中呈现,就会成为潜意识的一个组成部分,从而引导我们走向成功。努力在外表上塑造"像个成功人士"的例子数不胜数,因为他们深刻理解"看起来像个成功者"的形象对事业有多大的促进作用。

一位企业老总在20世纪70年代末上大学时,就有着强烈的"领导意识"。他认为伟人具有散发着魅力的外形和举止,他开始模仿某位伟人的举止和仪态,通过练习腹腔发声,他把自己原本并没有权威感的脆弱音质改为具有磁性魅力的浑厚的男低音。在1995年他又有了国际领导人的新意识,他请了形象设计师,为自己设计具有国际标准的世界巨商的形象。他完全接受国际化的商业形象理念,无论是西装还是休闲服,他只穿能够衬托一个领导宏伟气派的高质量、有品位的服装,他还不放过每一个细节。如今,无论在外观、口音、思想意识上,他都更像一位来自华尔街的金融家。

人们都希望成功能够早一点到来,而树立良好的形象就是其中的方法之一。在成功之前我们就要树立一个成功者的形象,因为成功的形象会吸引成功。

增强吸引力

我们与人相处,有些人虽然话不多,但我们却喜欢和他待在一起,因为他能让你感到轻松愉快;有的人逢人便滔滔不绝,夸夸其谈,不但不让我们喜欢,反而令我们十分讨厌,总想与之拉开一段距离。出现这些不同情况的原因是什么呢?主要就是人的吸引力和气场的问题。

有时我们确实感觉得到,有一种人无论出现在哪儿,都能立即成为众人瞩目的焦点,即使他们不言语,就那么站着或坐着,也带给人一种特别的感觉和深刻的印象,甚至还能令人毫无保留地对他产生信任感。

气场与外貌漂亮与否并没有什么关系,关键是看你能否通过你的面部表情、形体动作、语言等展示你迷人的个性气质。真正能打动人的是气质,而不是外貌。

每一个人都具有一种理想的自我形象,这就是心理学上所说的"理想的自己"。"理想的自己"往往被赋予很高的价值。尽管这些人来自于不同地方,成长在不同环境,各自具有不同的自我形象,但他们的"理想的自己"也许具有一些共同点,如丰富的情感、敏捷的思维、幽默的语言,等等,而且都希望给对方留下亲切善良、聪慧正直、才学渊博的印象。所有这些,都要求自然而不做作,随和而又机敏,由此所透露出来的权威感,会产生一种无形的气场,一点一滴地注入对方的心田,在他们的心里产生连锁反应,使对方在不知不觉中被吸引、被征服。因此,思想、行动与感情构成了气场的三大基石,所以若要从具体的方面来改变你的气场,增强个人的吸引力,你应该在思想、行动与感情方面进行努力。

你的外在表现,也就是你气场的特征,主要不是由当时当地的环境决定的,而是由你的内在创造的。你能否改变自己也主要不是由于别人是否对你进行了批评,而是你自己本身是否想改变自己。所以是你的思想创造了你本身,使你成为今天这个样子的。可能你没有意识到,但你仔细想想,是不是你怎么想就决定了你的性格?你为什么不被人喜欢呢?大概是你的想法不受欢迎。你为什么气场四射呢?首先是你的想法,其次才是你其他条件的配合,使你引起了人们的普遍关注。有的人之所以无法成功,是因为他的想法使他难以成功。

别人通过你的行动——你的说话方式、你的做事方式、你的脸部表情——才能给你一个评判,才能使他们心中形成一个印象。行动是造就气场的关键,还因为只有通过行动你才能改善自身。通过很多小的行动、通过人格的训练、通过对自我行为的反思与调整,你就可以创造新的自我,使你自己变得更富有魅力。

人们通过你的外在表现、你的行动与思想,对你产生了喜欢以至某种带有神秘色彩的感情,如果你的感情特征是积极的、友善的、温和的、宽容的，那么别人就会很喜欢你、赞赏你，因此你往往气场大增；反之你就会成为一个没有气场的人。

所以，如果你拥有令人愉悦的个性，你往往会使自己的气场大增。并非所有的性格都是令人愉悦的，有很多性格令大部分人感到没有气场。比如人们一般不喜欢消极的、极端化的性格特征，人们对报复性的、敌意的性格特征更是感到厌恶，一般人们都喜欢富有热情的、积极向上的、友善的、亲切温和的、宽容大度的、富有感染力的性格。所以，如果你能够培养起为大部分人所喜欢的正面性格，你的气场就大大增强了。

与成功者为伍

1831年，波兰作曲家肖邦在华沙起义失败后，只身流亡至法国巴黎定居。年轻的肖邦虽然才华出众，却空有大志而无施展之地。为求生计，只得以教书为生，处境甚为落魄。一个偶然的机会，肖邦结识了大名鼎鼎的匈牙利钢琴家李斯特。两人一见如故，大有相见恨晚之感。当时，李斯特在巴黎上流文艺沙龙中已是闻名遐迩的骄子，可他对默默无闻但才华横溢的肖邦大为赞赏。他想：绝不能让肖邦这个人才埋没，必须帮他赢得观众。

一天，巴黎街头广告登出了钢琴大师李斯特举行个人演奏会的消息，剧场门口人头攒动，门票一售而空。紫红色的帷幕徐徐拉开，灯光下，风度翩翩的李斯特身着燕尾服朝观众致意。台下掌声雷动，李斯特朝观众行礼后，便转身坐在钢琴前，摆好演奏姿势。灯熄了，剧场内一片寂静，人们屏息静气地闭上眼睛，准备享受美好的音乐声。琴声响了，时而如高山流水，时而如夜莺啼鸣；时而如诉如泣，时而如歌如舞……观众完全被那美妙的音乐征服了。

演奏结束，人们跳起来，兴奋地高喊："李斯特！李斯特！"可灯一亮，大家傻了。观众看到舞台上坐的根本不是李斯特，而是一位眼中闪着泪花的陌生年轻人，他就是肖邦。

人们大为惊愕！原来，那时有个规矩，演奏钢琴要把剧场的灯熄灭，一片黑暗，以便观众能够聚精会神地听演奏。李斯特便利用这个空子，灯一熄，就让肖邦过来代替自己演奏。

当观众明白刚才的演奏竟出自面前这位年轻人之手后，立即变惊愕为惊喜。剧场内，掌声四起，鲜花一束束地朝台上"飞去"。于是，一位伟大的钢琴演奏家便这样为众人所知了。

很多人抱怨自己怀才不遇，空有满腔才华但却总是与功成名就无缘。其实，成功不是仅凭实力就能达到的，成功的氛围和气场往往是助你到达成功彼岸的捷径。就像肖邦一样，没有李斯特的推荐，人们怎么能迅速就认识到他的才能呢？所以，想要成功的你，不妨与成功者为伍，让他们的成功气场传递到你的身上，塑造你成功者的形象，以成功来吸引成功。

古希腊哲学家伊壁鸠鲁说过："我们与谁在一起吃饭，比我们吃什么更为重要。"正如《论语·里仁》有云："见贤思齐焉。"和什么样的人在一起，你就有什么样的气场，你自己的未来或许就是什么样子。因此，想做什么样的人，就要和什么样的人在一起，要想成为一个成功者，就先要学会和成功者在一起。

有人说，看一个人是什么样的人，就看他的朋友是什么样的人。确实，我们所交的朋友的水准直接影响到我们自己的水准。与强者为伍，时间长了，我们会有一个成功者的气场。很多时候，决定一个人身份和地位的并不完全是自身的才能和价值，还有自身所处的环境。如果想有成功者的气场和形象，我们先要努力去和成功人士站在一起。

塑造成功者的气场

20世纪70年代，世界拳王阿里因体重超过正常体重20多磅，速度和耐力大不如前，面临告别拳坛的局面。

1975年9月，四年未登拳台、年已33岁的阿里与另一拳坛猛将弗雷泽进行第三次较量。当比赛进行到第十四回合时，阿里已经精疲力竭，处于崩溃的边缘。他觉得自己随时都有可能倒下，几乎再也没有力气迎战第十五回合了。然而，阿里并没有放弃，而是拼命坚持着，他心里知道，对方也和自己一样，已筋疲力尽了。到这个时候，与其说在比气力，不如说在比毅力，比谁对成功的渴望更迫切。他知道此时如果在气势上压倒对方，就有胜出的可能，于是他尽量保持着坚毅的表情和势不可当的气势，双目如电。终于，弗雷泽被阿里的气场镇住，感到不寒而栗，以为阿里体力仍佳。阿里从弗雷泽的眼神中发现了这一微妙的变化，他精神为之一振，更加顽强地坚持着。果然，弗雷泽表示愿意服输。裁判当即高举阿里的手臂，宣布阿里获胜。凭借对成功的渴望，阿里保住了拳王的称号。但当他还未走到台中央，便眼前一片漆黑，双腿无力地跪在地上。弗雷泽见此情景，追悔莫及。

很多人总爱抱怨："这里条件太差了，什么事也没法做。"他们的说法即使不是全错，至少也可以说是片面的。为什么要抱怨条件差呢？其实，我们只要把对成功的渴望作为日常状态，把在这种状态下产生的那种强烈的摆脱目前不理想状况的心态作为自己走向成功的锐利武器，就可以拥有成功者的气场，利用它，就可以一路披荆斩棘。

不知你是否发现生活中常有这种耐人寻味的现象：一位漂亮的小姐经常挽着的是一位"貌不惊人"的男士；而一位其貌不扬、说不上有什么风度的女性，旁边伴随的却是一位潇洒英俊的男士。成功的道理也是如此相似。常常一个不受女性注目的男士，也许有着对爱情更为深刻的理解，遇到一个他所喜欢的女性，他总是全力以赴、非常执着地追求，结果，他往往赢得最后的成功。我们去做某事的最佳时机就是当你对成功非常渴望的时候，这时你的气场也处于非常强势的状态。相反，每一次拖延和迟缓、每一次在思想上的犹豫，都会磨蚀我们的决心，削弱我们的气场。正如阿里对成功迫切的渴望，并因此产生了强大的气场，取得了胜利，而弗雷泽对成功的渴望相对较弱，因而气场不足，最终不战而败。

因此，当你感觉到内心深处有一股不可抑制的激情在汹涌奔流时，当你发现你是那么强烈地渴望去做某事时，当你的理想和自我意识发出无声的呐喊时，实际上这是一种标志，意味着你将开始有能力做某件事，并且必须是立即着手去做它。这就是一种因对成功的迫切渴望而产生的强大气场。

还等什么呢？从现在开始，每天强化自己对成功的渴望，不要让这种高能气场冷却或衰弱，而是要让它不断加强。这样，你就会拥有一个成功的形象，你将会离成功的目标越来越近，直至圆满地实现。

增加"曝光率"

日常生活中，人们总喜欢用"曝光率高"来形容成功人士或知名人士。其实，真正出色的人都懂得利用一切机会让自己在重要场合"抛头露面"，因为这样可以让更多的人认识自己，扩大自己的影响力，提升知名度，因而让自己的成功者形象更加深入人心。

由于在重要场合"曝光"时需要面对很多人，有认识的，也有不认识的，所以对个人来说，这是需要很大勇气的。想做到这一点，必须克服胆怯、羞涩的心理，要对自己充满自信，讲话或办事应当底气十足，这样才能赢得更多人的青睐。

平时我们应该多关注身边的各种仪式，积极参加。例如，你的公司因职员有红白喜事而举行的仪式，因有人要出国或退休而举办的派对，或因解决了一个大难题而举办的小小的庆典……

这些都是你"曝光"自己的好机会。尽量多参与这类活动，并在这些场合里作精彩的演说，或者送点什么礼物，举止得体，保证不显尴尬、不出洋相，你的个人形象、知名度一定会增色不少。

当朋友举行婚礼的时候，也可以借此机会，在朋友的亲人及朋友面前"曝光"自己。一般而言，这种情况下大家还不认识你，那么，你不妨在婚礼正式开始前向新郎新娘及其父母们作一番自我介绍，说说你是谁，为什么会来参加婚礼，代表谁来的，等等，然后呈上你的礼物，并祝福新人。这样他们一定会对你的举止印象深刻并心存感激。婚礼开始后，你可以在享受这种喜庆聚会的气氛和环境中，观察一下周围形形色色的人，通过聊天或敬酒等行动，让自己充分"曝光"，使更多的人认识你。

除了主动去参加别人的活动外，你还可以自己组织聚会，如生日宴会、孩子满月、乔迁新居等。一旦你成为聚会的主人，应好好计划一下，或者将它委托给某个具有丰富组织经验的高手，尽量让你的客人和你都感到满意，让他们记住这段快乐的时光，并觉得你不愧为一位细心而好客的主人。这样，一定会有很多人在这次聚会上记住你。

要注意的是，在重要场合仅仅是"曝光"自己还远远不够，因为"曝光"的真正意义是要给在场的人留下深刻印象。你在"曝光"的同时必须不断地寻找机会宣传你自己——你的主张和你的价值等。你可以通过发言、演讲等自我宣传的形式，也可以请知名人士或朋友当众介绍，总之要让自己深入人心。

此外，宣传自己也要遵循一定的原则，过于明显的个人宣传往往适得其反，会让别人误以为你在自我吹嘘、炫耀价值，因此在宣传时不要弄许多花招噱头，应当谦和地、不温不火地展现自己，以免哗众取宠、适得其反。增加自己的曝光率，让自己深入人心，有利于树立自己的成功者形象，从而最大化自己的影响力。

适时缺席，显得你更重要

史蒂夫·纳什是一位杰出的 NBA 篮球明星，他效力于菲尼克斯太阳队，在 2004—2005 赛季荣膺常规赛 MVP（最有价值球员）。有很多人认为，太阳队之所以有这么强的光芒，不只是因为纳什的出色，更是因为太阳队能人众多，高手如云，他们有超级马里昂、有迪奥、是他们和纳什组成的铁三角让太阳队获得如此成绩。

的确如此，当纳什在太阳队的时候，他身边每一个人的数据都是那么漂亮，他们全队 6 人得分过 10 是一件十分普遍的事情，而相对于 MVP 纳什，他所取得的数据只是和往常一样出色而已，队友马里昂的数据之光甚至已遮住了 MVP 纳什的过人之处。但是，当纳什受伤后，当他们在主场迎战西部第一的马刺队时，没有纳什的太阳队在第四节一开始就落后客队 22 分之多，让比赛早早地进入了垃圾时间。往日豪取 30 多分的马里昂不见了，迪奥居然成了助攻王，而太阳一向置敌于死地的法宝——流畅有效的快攻也不见了……

纳什不在场上，他带走的绝不仅仅是他个人的数据，他的缺席让太阳队整体都找不到进攻的节奏，他的缺席让太阳队在马刺队面前显得如此不堪一击，他的缺席充分体现了他 MVP 的价值，无人能够取代的价值，以及成功者的强大气场和能力。

俗话说："物以稀为贵。"一件事物出现得太多，价格就会降低。同样，你被看见和听到的次数越多，你看起来就会显得越普通。如果你的形象在一个团体中已经被树立起来了,那么从这个团体中暂时退隐将会让人们更多地谈论你,甚至更多地夸赞你,更重视你的价值。

因此,我们可以借助适时离开或缺席来传递你的不可替代性和强大的成功气场。

其实,很多人都有这种感觉,当你拥有一件事物或一个人的时候,因为你可以轻易得到,所以你并不看重,更不会去珍惜。但当你在某一天突然失去那些你本来不在乎的东西时,你才会突然发觉,原来,它对你是如此重要。

聪明的人,总是能充分地利用这一点,巧妙地让所有人都知道他们的重要性。但这也是有前提的,那就是自身就要具备超越他人的实力,具备别人所不具备的才能,变成一个不可取代的人物。只有真正成为不可取代的人,才能成为组织中不可缺少的一员,才占据了极为有利的"地理位置"。在此种情况下,你不妨适当缺席,给别人带来深刻的印象,提升自己的分量。

偶尔需要"自抬身价"

有句俗话叫:"王婆卖瓜,自卖自夸。"虽然其中蕴含了一些对自吹自擂者的讽刺意味,但这种自吹在某些情况下还是很有必要的。

在社会中生活,有许多机会都是要靠自己去争取的。如果有能力,就应该自告奋勇地去争取那些别人无法完成的任务,千万不要让自己淹没在人群中,或者躲在被人们遗忘的角落里。成功者会让自己闪耀夺目，像磁铁一样吸引各方的注意。

有一匹千里马，身材非常瘦小，它混在众多马匹之中，默默无闻。主人不知道它有与众不同的奔跑能力，它也不屑表现，它坚信伯乐会发现它的过人之处，改变它的命运。有一天，它真的遇到了伯乐。伯乐径直来到千里马面前，拍了拍马背，要它跑跑看。千里马激动的心情像被泼了盆冷水，它想，真正的伯乐一眼就会相中我，为什么不相信我，还要我跑给他看呢？这个人一定是冒牌的。千里马傲慢地摇了摇头。伯乐感到很奇怪，但时间有限，来不及多作考察，只得失望地离开了。又过了许多年，千里马还是没有遇到它心中的伯乐。它已经不再年轻，体力越来越差，主人见它没什么用，就把它杀掉了。千里马在死前的一刻还在哀叹，不明白世人为什么要这么对待它。

客观而言，千里马的一生是悲惨的，可以说是"怀才不遇"。它终年混迹于平庸之辈中，普通人不能看出它的不凡之处，伯乐也错过了提拔它的机会。但是谁导致了这种悲剧的呢？是它的主人，还是伯乐？都不是。怪只怪千里马自己，假如它当初能够抓住机遇，勇敢地站出来，在伯乐面前不顾一切地奔跑，表现出自己与众不同的优秀品质来，用速度与激情证明自己的实力，恐怕它早就离开那个狭窄的空间，到属于自己的广阔天地尽情施展才能了。

人们过去总说"酒香不怕巷子深"，但事实并非如此。试想，要有多么浓郁的芳香才能从深巷里传入人们的鼻中呢？又有多少人能够静下心来寻找这芳香的源头呢？再香的酒，只怕最终也不过落得个"长在深巷无人识"的结局。许多人常慨叹怀才不遇，却不知道，能力是需要表现出来的，有本事就要发挥出来，不吭声、不动作，谁会知道你胸中的万千丘壑？谁会将你这匹千里马从马群中挑选出来呢？

不少人总是满怀希望地等待着，期待伯乐发现自己、提拔自己。只可惜千里马常有，而伯乐不常有，并不是所有领导、上司都独具慧眼，将机会拱手送上。在你做白日梦的时候，别的千里马，甚至是九百里马、八百里马们早已迎风驰骋，令众人瞩目，获得了充分展示自己的舞台。而默不作声的你，自然只能被淹没在无人问津的平庸者当中。

因此，即便是实力再强的人，也要学会表现自己，要善于表现自己，才能让自己的优势展现于世人面前，才能使自己成为求才若渴的人们心目中的抢手货。

以现代职场为例，默默无闻、埋头苦干的人，往往不一定能够得到重用，要想出头，不仅要拥有雄厚的实力，还要善于表现自己，这样才有机会脱颖而出。正如卡耐基所言："你应庆幸自己是世上独一无二的，应该把自己的禀赋发挥出来。"

第三节
修饰内在形象

不因美丽而可爱,却因可爱而美丽

人不是因美丽而可爱,而是因可爱而美丽。这里的可爱,并不是通常人们所理解的"如孩童般纯真可爱",它更多地包含有一种生命成熟后的智慧。有智慧的人,方是美丽。

对于女性来说,在秘书、空姐等小范围的招聘中,是"美丽"比"内在"重要。但在更多的就业领域中,在今后的工作经历中,外表的"美丽"只是"开场白"而已,真正的机会还是取决于自己在工作中的勤奋、才干和智慧。一个人的外表是父母给的,好的外表无疑是一个天生的优势。钢琴家李斯特那英俊的外表为他赢来了无数的女性崇拜者,甚至男性也能感到他那逼人的魅力,一个个骄傲的贵族小姐、夫人拜倒在他的脚下,她们互相争斗,有时只为抢他扔在地上的烟头,也会不顾体统地打闹起来。但是,绝大部分人都不会有李斯特那样的幸运。上帝给予每一个人的长相、际遇、才能等,都各不相同,人们往往将过多的精力耗费在某一个难以改变的事实上,因对自己的长相不满而自卑不振的人何止千万?然而上帝毕竟是公平的,他拿走你一样东西必定会给你另一样东西。当一个人没有骄人的美貌时,他还可以靠智慧。智慧所产生的魅力,往往能弥补容貌的缺憾。

有个女孩子一直想当个歌手,却不幸长了几颗龅牙。第一次公开演唱的时候，为了显得有魅力，她一直想办法把上唇向下撇，好盖住暴出的门牙。结果呢？她看起来十分可笑，当然注定了要失败。当时有个人听了演唱之后，觉得她颇有歌唱天赋，便坦率地告诉她："我看了你的表演，你不觉得自己有些做作吗？知道你想掩饰什么，你不喜欢自己的那口牙齿！"女孩听了觉得很难为情。那人继续说道："这有什么呢？龅牙并不犯罪，为什么要掩饰呢？何况根本就掩饰不住！尽管张开你的嘴巴，只要你自己不引以为耻，观众就会喜欢你的。说不定，这口牙齿还会给你带来好运气呢！"女孩子接受了这个人的建议，不再去想那口牙齿。从那时起，她关心的只是听众，只是如何把歌唱好。她张大了嘴巴尽情地唱，终于唱成了顶尖的歌星。她就是凯斯·黛莉。

　　不要挑剔自己的长相，不要对美有固定的标准。不管父母把你生成什么样，你都要活出自我来，并且"要使自己从内心来改变外貌"。凯斯·黛莉成功了，因为她并没有因为自己长相不好而畏首畏尾、一蹶不振；相反，她凭借自己的智慧努力歌唱，最终获得听众认可，走在了时尚的前沿。

　　我们的社会中有许多年轻人因为各种原因陷入了颓废的境地，他们常常对别人说："过一天算一天吧！""能混口饭吃就行了！""怎么做都不至于丢掉饭碗吧！"这种人实际上早已承认了自己人生的失败，甚至他们已经脱离了人应该具有的正常生活，根本就谈不上什么"进步"与"成功"。振作精神虽然未必能立竿见影，让你得到物质上的收益，可是它能够让你的生活变得充实起来，并让你重新获得无穷的乐趣。振作精神一定能起到那样的作用。如果不振作精神，做什么事情都不会有进步。你必须集中你的全部精力与体力去完成它，每天都要使你的能力有明显的进步，经验有相当的积累。因为所有的工作都可以用来开拓我们的才能，丰富我们的经验。如果一个人振作起来，有那样的意志力，那样他的收入一定不会只停留在填饱肚子的水平上。

这是一个日新月异的时代，甚至有时候社会上人满为患，如果不动用自己的智慧，那么就会被社会的洪流所淘汰。不要为自己没有一份好的工作怨天尤人，不要让青春荒芜在落寞之中。打起精神，动动脑子，智慧的火花会助你勇往直前，无往而不利。有一天，你可以自豪地对别人说："虽然没有美貌，但我还有智慧……"

精神健康的人，拥有朝气蓬勃的形象

身体健康很重要，事实上，精神健康同样重要。只有精神健康，才能充满活力，积极向上，不仅给别人朝气蓬勃的印象，也可以使自己干什么都有精神。甚至，精神健康在某种程度上比身体健康还重要。一旦精神健康被激发，其强大的气场势不可当，身体上的缺陷就显得微不足道了。

那么，怎样的人才是精神健康的人呢？精神健康的人的形象有哪些外在表现呢？

第一，精神健康的人，是热爱生活的。他们对生活充满着希望和信心，他们会含着微笑入睡，怀着动力起床。他们对工作充满热爱和激情，努力实现自己的个人价值及社会价值。他们用愉快的心情、积极的态度，去改变现实，去享受生活。

第二，精神健康的人，是乐观的。他们总是用积极、乐观的情绪来引导自己的生活。在遇到困难的时候，他们不是消极和颓废，不是忧心忡忡，而是在焦虑的消极状态中，去自我调节，去面对现实。

第三，精神健康的人，永远充满活力。似乎他们休息的时间比别人少，但是精神却总是那么足。他们做事从来不会感到疲倦，而且把工作当成一种兴趣，富有激情地去完成。他们发挥着自己的能量，不知疲倦，提高自己，也感染别人。

第四，精神健康的人，做事光明磊落。他们从来不去欺骗他人，也不欺骗自己。他们认为，做人，就要胸怀坦荡，做真实的自己。

第五，精神健康的人永远自立。他们从来不会想着去依靠别人，也不会因为别人的劝告或鼓励去改变自己的想法，更不会处于被动地位。他们会在自己的信念下，用自己的方式和计划，去完成自己的事业和人生。

第六，精神健康的人，能够与他人和谐相处。他们善于与他人友好相处，他们能够理解他人、倾听他人、包容他人，不仅有自己的至交好友，也能与周围的人都保持良好的人际关系。

第七，精神健康的人，都是意志健全的。他们能够主动支配自己的行动，明辨是非，当机立断。在做出决定后，他们还能坚持不懈。他们还能调节自己的情绪，有效控制自己的言行。

精神健康的人的特征还有许多，总之，那些向上的、积极的、乐观的、热爱生活和工作的人们，往往都是精神健康的。当我们知道什么是精神健康的人，并努力做到精神健康之后，我们的精神就会越来越饱满，越来越充满活力，我们会显得越来越年轻。而生气勃勃的精神又能使我们的形象永远是正面的、积极的。

乐观，让你拥有容光焕发的形象

一个商界成功人士说："我从小到大都不是一个品学兼优的孩子，但我从不因此就放弃自己。遇到困难、挫折时，我就告诉自己，要乐观点，明天就会好的。而我的乐观会让我充满能量，保持良好的精神状态和形象，所以我的身边总是会有很多朋友相助，大家在一起同甘共苦，克服一次次困难，一步步取得成就。我认为乐观是我成功的最大因素，所有想成功的人，都必须保有一颗积极乐观的心。"

由乐观而产生的容光焕发的形象会让你受到人们的喜欢，也会使你离成功越来越近，但是乐观两个字说起来很简单，但做起来并不是那么容易的。

首先，你必须学会在逆境中发现光明。一位母亲告诉他的儿子，天真的很黑的时候，星星就会出现。如果保持开朗的心境不那么容易做到，你就和乐观的人交朋友吧，他们积极向上的人生态度会感染你，使你在不知不觉中变得开朗起来。

另外，你可以尽量做一些有益自己心境的联想。你可以先从发现自己的优点开始。每天想一两个你擅长的事或你曾做过的最成功的事。有了信心之后，就不会因为惧怕失败而处处放不下，然后唉声叹气，老往坏处想，弄得自己死气沉沉。充分运用笑话也是一个好方法。一个很少哈哈大笑的人，会越来越没力气，心情越来越不明亮。平常能够多多充实头脑中的笑话,不但能讲给别人听,还可以让自己开怀大笑,是个很好的增氧运动。

听一些可振奋人心的音乐也很不错。有空多找些轻松、活泼的音乐,可以帮助自己乐观起来。

我们也可以从关注自己的心灵做起。我们要学会换一种眼光欣赏人生,反正事情不能十全十美,为什么我们不过得快乐一点?我们要对自己的人生负责。就算遇到痛苦、伤心、不可挽救等可能成为压力的事情时,也不要沉浸于忧虑中不能自拔,而是应该随时提醒自己要打起精神来,保持希望,勇往直前,相信明天会更好,这样一来任谁都会逐渐变得乐观进取。不仅如此,乐观主义还可使我们塑造出足以与压力对抗的坚强心理和健康的身体。

人们都喜欢和乐观的人在一起合作,因为乐观会让你拥有容光焕发的形象,吸引别人的喜欢和合作。所以,我们要重新学会如何感动、如何爱别人、如何不去计较那些反面的事情,这样我们的每一天都可以是一个崭新的开始,充满了光明和希望。

谦虚是提升形象的一种大智慧

爱因斯坦是 20 世纪世界上最伟大的科学家之一。然而,在他的晚年,他还在不断地学习、研究。当有人问他:"您的学识已经非常具有影响力,何必还要孜孜不倦地学习呢?"爱因斯坦并没有立即回答他这个问题。他找来一支笔、一张纸,在纸上画上一个大圆和一个小圆,对那位年轻人说:"在目前情况下,在物理学这个领域里可能是我比你懂得略多一些,正如你所知的是这个小圆,我所知的是这个大圆。然而整个物理学知识是无边无际的。对于小圆,它的周长小,即与未知领域的接触面小,它感受到自己的未知少;而大圆与外界接触的这一周长大,所以更感到自己的未知东西多,会更加努力地去探索。"

一席话真是令人回味无穷。爱因斯坦的形象不仅因为他取得的辉煌成就而伟大,更因为他孜孜不倦的追求和一如既往的谦虚而更加傲然。谦虚向来是有影响力的人必备的品德,是以一种退后的姿态提升形象的大智慧。古往今来,越伟大的人往往越谦虚。而我们平凡人也可以运用这一智慧来提升自己的形象,生活中的各个场所都可以是表现谦虚的平台。

工作中的谦虚就是当你身居某个有影响力的位置时,并不认为这个职位就非你莫属,而是想到还有很多优秀人才也能胜任,只是缺少像你一样的机会,从而做到爱岗敬业、一丝不苟。

工作中的谦虚是当你取得某项成绩、获得某项荣誉时,并不认为就是一己之功,而是离不开领导的关爱、组织的培养和同事的协作,从而把鲜花和掌声当成一种鞭策和鼓励,当成新的开始。

"一分荣誉,十分责任;一分成绩,百倍虚心。"谦虚是在年终考核、民主评议,或在私下某个场合时,当有的人并非用心不良、居心叵测给你提出一些缺点和值得改进的地方时,你不会暴跳如雷、一触即发,而是认为自己确有不足和差距,抱着"有则改之,无则加勉,言者无罪,闻者足戒"的态度洗耳恭听,虚心接受。

事实上,没有一个人能够有足够的资本骄傲。因为任何一个人,即使他在某一方面具有影响力，也不能够说他已经彻底精通，任何一门学问都是无穷无尽的海洋，都是无边无际的天空……所以，谁也不能够认为自己已经达到了最高境界而停步不前、趾高气扬。如果是那样的话，则必将很快被他人赶上并超过。虚怀若谷、虚心好学才能容纳真正的学问和真理，才能取人之长、补己之短，日益完善自己，从而拥有更美好的形象。

才情是一件美丽又耐穿的衣裳

　　才情是人们的魅力之本。才情就像一杯清香的茉莉花茶，意味深远，令人回味无穷。难怪有人说："才情是穿不破的衣裳。"

　　富有才情的人，善于对日常应用的思维方式和行为方式进行艺术的提炼。例如，遇人、遇事如何以有效的思维方式，迅速采用最恰当的接待方式，以便使行为方式表现出稳重有序、落落大方的风度。

　　富有才情的人，具有令人赏心悦目的优雅举止。他们待人接物落落大方，懂得尊重别人，同时也爱惜自己。

　　真正富有才情的人，具有一种大气而非平庸的小聪明，是灵性与弹性的结合。具体来说，才情美的魅力主要体现在以下几个方面。

1. 突出的个性

　　人的相貌往往具有最直接的吸引力，而后，随着交往的加深、广泛的了解，真正能长久地吸引人的却是他的个性。因为这里面蕴含了他自己的特色，是在别人身上找不出来的。正如索菲亚·罗兰所说：

"应该珍爱自己形体的缺陷,与其消除它们,不如改造它们,让它们成为惹人怜爱的个性特征。"

2. 丰富的内心

有理想、有知识,是内心丰富的两个重要方面,这是现代人必不可少的。除此以外,还需要宽广的胸怀。法国作家雨果说过:"比大海宽阔的是天空,比天空宽阔的是人的胸怀。"

3. 高雅的志趣

高雅的志趣会给你的气质锦上添花。每个人的气质不尽相同,这和人的人品、性情、学识、智力、身世经历和思想情操是分不开的。要想有优雅的气质和风度,就必须有良好的教育和修养。

4. 优雅的言谈

言为心声,言谈是窥测人们内心世界的主要渠道之一。在言谈中,对长者尊敬,对同辈谦和,对幼者爱护,这是一个人应有的美德。

才情是天上的彩霞,具有才情的人的一抹微笑、一个眼神、一句睿智的话,都值得你回味、心醉。因此,多做一些有益身心的事吧,在潜移默化中培养你的才情,并成为一个富有才情的人。才情是一件美丽又耐穿的衣服,为你的形象恒久增色。

诚实让你的形象具有说服力

良好的信誉能给自己的生活和事业带来意想不到的好处。诚实、守信是形成强大亲和力的基础——诚实守信会使人产生与你交往的愿望，在某种程度上，会消除不利因素带来的障碍，使困境变为坦途。

以诚相待是人际交往中最重要的砝码。大多数矛盾都能用诚信的办法解决。只要真诚待人，就能赢得良好的声誉，获得他人信任，将潜在的矛盾化解在无形之中。

生活和工作中有这样一些人，他们所说的话人们愿意相信，他们提出的建议人们也愿意采纳，在别人心中他们总是值得信赖的朋友，因此他们说话做事都比其他人更有影响力。这样的人身上也许具有许许多多的优良品质，但有一条是绝不可少的，那就是言行一致、信守承诺，这是获取他人信任的首要条件。

社会学家曾经做过抽样问卷调查，题目是：你认为人类最好的美德有哪些？在回收的问卷中，虽然不同民族对人类美德所列的种类及排列顺序有所不同，但有一点却是共同的：诚实守信都被排在前三位之内。

尽管这只是抽样调查，但却说明了一个普遍的真理：全世界各民族都一致认为，对人真诚和讲信用是人类必不可少的重要美德，这是做人的根本，也是与人和睦相处的最佳良方。

诚实守信能让一个人的形象更加伟大，吸引许多人围在他身边。诚信并不是写在脸上的，它是深入人的骨髓血液的对人对己的一种负责态度。诚实不但是一个人立身处世的基本原则之一，也是社会对人的一项基本要求。在现代社会中，诚实就是品牌，诚实可靠者良好的个人形象将会为你赢得持久的人气，助你在社会中获胜。

由此可见，诚信不但具有道德价值，而且还蕴含着巨大的经济价值和社会价值。一个人有诚信，就会很轻易地得到别人的帮助和支持，最终成就一番事业。诚信可以带来一种类似"品牌效应"的结果,也就是说,诚信是社会所弘扬的一种道德准则和价值观念,如果一个人被公认为诚实守信,那么他就会有更多的优势,他的话别人就会信,别人也愿意与他交往和合作;而那些满嘴谎言者,早已臭名远扬,大家都唯恐避之而不及,更不会与之做真心的朋友了。这就好比是商业中的品牌,知名品牌、优质品牌,其本身就有价值,只闻其名,无须看货,便知是好产品,在市场上自然就吃得开,有长久的生命力。

所以,诚信让你的形象具有说服力,会给你带来长远利益,它是一种取之不尽、用之不竭,但又花钱买不来的东西。而且,我们要想获得良好的人际关系,也只能采取对等原则"以诚换诚",对人不诚者也得不到别人真诚的对待。

仁爱是一种拥有好形象的法则

曾经在拥挤的长途汽车上发生过这样一件事,让李刚至今想来还是感慨万千。

当时他的座位是临窗的三号,还没等他坐稳,一个踩他脚的小山似的女人,一屁股将四号座位压得"咯吱"一声呻吟,李刚的地盘被她侵占去三分之一。盛夏乘车摊上这样的芳邻,他只能自认倒霉了。

他的这排座位是三、四、五号。五号座位上是位不满20岁的姑娘,一副近视眼镜架在高挺的鼻梁上,表情丰富的脸上清晰地写着对四号邻居的厌恶。原来,五号的"疆土"也遭到那女人的"侵略"。只见五号几乎愤然地急挥纸扇,把四号身上呛人的汗酸味扇到李刚这边来。李刚心中非常恼火,但又不便说她。

汽车在公路上飞驰,闷热的空气与发动机的哼哼声胜过催眠曲,车上的乘客半数都在打盹。四号的眼皮也在合拢,小山似的身躯慢慢向五号倾斜。李刚说他当时真是幸灾乐祸起来,心里想着:四号女人灰衣服上那汗渍斑斑的"盐碱地",可以从俏姑娘那里得到一点香水味了。

只一会儿,五号由表情讨厌到怒气升腾,从"厌而远之"到奋起反击:她架起胳膊肘顶四号的胖脸。然而四号的客人却是任你五号怎样明顶暗碰,都撞不开她的梦门。最后五号愤中生智,猛然一闪身,让四号趴扣在座位上,随之,车内一阵窃笑。

四号从突然破碎的梦中惊醒,艰难地支起身,很难为情地低下头玩起自己的胖指头来。

车行至某县城,那位五号姑娘也开始打盹,不由自主,她的秀发委屈地贴在四号的"盐碱地"上。渐渐地,五号的头滑到了四号的胳膊弯里了。李刚惊异地发现,那个胖女人并没有回敬姑娘一个闪身,反倒尽量保持平稳,让姑娘舒服地依着她。四号的右臂一定是很累了,她用左手去托扶着右臂。

不知怎么,李刚心里一下子泛起一股说不清的滋味,不禁对四号低声说:"大嫂,弄醒她吧。"

她答非所问:"俺家大妞也这般大,年轻人爱困。"

这位大嫂或许并不懂得什么人生大道理,但是她朴实无华的外表之下隐藏的是一颗金子般的"仁爱"之心,正是这颗心让她本不出众的形象灿烂生辉。

即使你外表再美，而你内心空虚、冷漠无情，那又有什么用呢？即使你家财万贯，却为富不仁，那你也不会赢得别人的真情。如果你有一颗仁爱之心，那么呈现在别人面前的也是一个宽厚仁爱的高大形象。一颗美好的心灵与你的形象息息相关。

拥有"仁爱"之心的人才能胸襟开阔，真正地做到待人热情、友善、乐于助人，才能在人际交往中立于不败之地。遗憾的是，生活中有些年轻人对别人常抱有一种敌对情绪，不懂得用一颗仁爱之心拥抱生活，这样对己对人都是极为不利的。相反，拥有一颗仁爱之心的人才会让他们的形象更加深入人心，生活事业也都将眷顾于他。

学着去爱别人吧，你仁爱的形象会让你的人生之路走得更好。

让修养渗透在每一句话中

西雅图波音公司的一个部门经理有一次大发雷霆，原来他看到一份报告上有一个错别字，那是个拼写错误，有位工程师把"Believe"写成了"Beleive"。

这位经理精明能干，可是有个怪毛病，他的眼睛里容不得任何一个小错误。于是他叫来了那个写错字的工程师。整个走廊里都能听得见他的声音："你这个混蛋连这么点错误都要犯，你到底读过书没有？E怎么可能在I的前面，记住，I永远在E的前面。"

可是，没过几天，那位经理又发现了同样的拼写错误，而且又是出自同一人之手。

这次,经理被彻底地激怒了,他叫来了那个"屡教不改"的工程师,怒不可遏地冲他咆哮道:"你耳朵长在头上了吗?为什么我说了你不听?"

那工程师很平静,说道:"你不是说I永远在E之前吗?"经理说:"看来你是明知故犯了。"

工程师二话没说,随手从桌上拿起一份文件,把上面的"Boeing"一笔勾去,写成了"Boieng"。

有很多人在说话时,经常只顾自己痛快,过后才发现不小心伤了别人的心。尤其是当别人做了错事,或自己因此而吃了亏,就更觉得自己受了委屈而要说出来图个痛快,于是一些难听的话就不自觉地冒了出来,结果是痛快了一时而伤了和气。自己的修养和形象也因这一时的冲动而毁于一旦。

可见,在工作中,不要留下一副尖酸刻薄、一味地指责别人的形象,那不仅无助于任何事情的发展,更可能阻碍事情向好的方向发展。当你几乎控制不住想要批评某人之前,有一种方法可以让你的心绪渐渐平静下来,使你重新思考究竟应该怎么做。这种方法就是:在你批评他人之前,先想想自己:"我做得怎么样?是否应该完全怪罪他人?"这样想过之后或许你会完全改变自己的想法和行为。

让我们来看看成功学大师卡耐基是怎么做的。

卡耐基的侄女乔瑟芬·卡耐基在19岁高中刚毕业的时候来到纽约担任卡耐基的秘书。

"她当时没有任何做事的经验,"卡耐基回忆说,"在刚开始的时候,她十分敏感脆弱。有一次我正准备指责她,但马上对自己说:'等一下,戴尔·卡耐基,等一下。你几乎有乔瑟芬两倍的年纪,做事经验更是多出好几倍,怎么可以要求她能有你的看法、判断和主动的精神——何况你自己并不十分出色。还有,戴尔,你在 19 岁的时候是什么德行?记得你像蠢驴一样犯下的错误吗?记得你做过这些吗?'

"一想到这里,我不得不老实地下个结论:乔瑟芬 19 岁时比我 19 岁时要好得多——而实在惭愧得很,我没有称赞过她。

"于是,一遇到乔瑟芬犯错误,我总是这样说:'乔瑟芬,你犯下了一项错误。但是,老天知道,我以前也常常如此。判断力并非与生俱来,那全得靠自己的经验,何况我在你这个年纪的时候还比不上你呢。我实在没有资格批评你或别人,但是,依我的经验,假如你……做的话,不是好些吗?'"

后来,年轻的乔瑟芬成为一名很出色的秘书人员。

只懂得批评别人而不懂得宽容别人的人,是不会巧妙地指出别人的错误的。其实,在某些时候,宽容比批评更有效,更能让人保住面子,也更能激发人的积极性。

有些人总是说话尖酸刻薄,很喜欢指责他人,一旦出现问题,他们首先想到的是如何将责任推卸给他人。其实,尽量去了解别人,尽量设身处地去思考问题,深思熟虑地说每一句话,比口出恶言要有益得多。

修养和气质来自你的一举一动、一言一行。告别那些尖酸的语言吧,让你的修养渗透在你的每一句话中,使你的形象被气质的光环围绕。

第五章 身体语言与形象

第一节
你的手会"说话"

死鱼般的手是形象的死穴

王女士是个热情而敏感的人,目前在一座大城市的某著名房地产公司任副总裁。有一次,她接待了建筑材料公司前来洽谈业务的销售经理田先生。田先生被秘书领进了王女士的办公室,秘书对王女士说:"王总,这是××公司的田经理。"王女士离开办公桌,面带笑容,走向田经理。田经理伸出手来,和王女士握了握。王女士握到了一双有气无力的形同死鱼般的手,看看田先生那张毫无生气的脸,随后王女士客气地对他说:"很高兴你来为我们公司介绍这些产品。这样吧,材料先放在我这儿,我看一看再和你联系。"这位经理在几分钟内就被王女士送出了办公室。几天内,田经理多次打电话,但得到的是秘书的回答:"王总不在。"

到底是什么让王女士这么反感一个只说了两句话的人呢?王女士在一次员工会议上提到这件事说:"首次见面,他留给我的印象糟糕透了,即使是身体不适,但遇到这种场合,他也应该打起精神,这可是关系到合作成败的重要时刻啊!可是他伸给我的手不但看起来毫无生机,握起来更像一条死鱼,冰冷、松软、毫无热情。还有他的那张脸,看起来就让人泄气。当我握他的手时,他的手掌也没有任何反应,握手的这几秒钟,他就留给我一个极坏的印象,他的心可能和他的手、脸一样的冰冷、毫无生气。他的手让我感到他对我们的会面并不重视。作为一个公司的销售经理,居然不懂得个人形象的重要性,他显然不是那种经过高度职业训练的人。而公司能够雇用这样素质的人做销售经理,可见公司管理人员的基本素质和层次也不会高。这种素质低下的人组成的管理阶层,怎么会严格遵守商业道德,提供优质、价格合理的建筑材料?我们这样大的房地产公司,怎么能够与这样作坊式的小公司合作?怎么会让他们为我们提供建材呢?"

如果你的双手冰冷无力,像条死鱼,再加上一副毫无血色的面容,这些会立刻传送出不利于你的信息,让你无法用语言来弥补,它在对方的心里留下了对你非常不利的第一印象。有时也会让你像上面的那位销售经理一样,会失去极好的商业机会。

因此,死鱼般的手是形象的死穴,在全世界,最让人憎恨的握手方式就是这种死鱼式的握手。这种握手方式,会让对方立刻感到被拒绝、排斥,这是最没有礼貌、最破坏自己形象的握手方式。虽然不是每个用死鱼式握手的人都是傲慢无知的,但是这样的握手留在别人心中的第一印象却是难以弥补的,这会给你带来极大的负面影响,甚至造成机会和财富的损失。

一位经理人在谈到当初面试新助手 W 君时说:"当我们握手时,他那双结实的手,紧紧地握住我的手,上下摇动,好像我们是多年的老朋友,再看一看他阳光般健康灿烂的笑容,我完全被他的热情所融化。现在虽然他不再是我的助手,但却成为我的朋友。"

通过上述两个事例,我们不难知道握手的背后有着很多奥秘和内涵,正如加拿大形象设计大师凯伦所说:"握手是一门如此有趣的艺术,它让我们在瞬间产生种种推测和判断,握手的信息是无言的,但它却是那么的丰富和微妙。握手是如此感性,但它却在对方开口之前,让我们感受到他的内心活动。"确实如此,通常,性格热情的人会有力地握住你的手,上下摇动以表示他渴望与你相见。性格冷淡甚至内心冷酷的人伸出的手则是冰冷、僵硬无力的死鱼似的手。所以,千万别伸出你死鱼般的手,一定要留给别人健康、充满活力的好形象。

把握握手的分寸

华盛顿作为上校时曾率领部队驻守在亚历山大市,他与一个名叫威廉·佩恩的人发生了冲突。原因是当时正值弗吉尼亚州议会选举议员,威廉·佩恩反对华盛顿所支持的候选人。据说,华盛顿与佩恩就选举问题展开激烈争论,说了一些冒犯佩恩的话。佩恩火冒三丈,一拳将华盛顿打倒在地。当华盛顿的部下跑上来要教训佩恩时,华盛顿急忙阻止了他们,并劝说他们返回营地。

第二天一早,华盛顿就托人带给佩恩一张便条,约他到一家小酒馆见面。佩恩料想必有一场决斗,做好准备后赶到酒馆。令他惊讶的是,等候他的不是手枪而是美酒。华盛顿站起身来,伸出手迎接他。华盛顿说:"佩恩先生,昨天确实是我不对,我不可以那样说,不过你已然采取行动挽回了面子。如果你认为到此可以和解的话,请握住我的手,让我们交个朋友。"从此以后,佩恩成为华盛顿的支持者。

上面的小故事说明,握手可以产生化敌为友的神奇作用。不过,为了在这轻轻一握中，传达出热情的问候、真诚的祝愿、殷切的期盼、由衷的感谢，让别人喜欢你，我们有必要把握握手的分寸，掌握握手的细节。我们在行握手礼时应努力做到合乎规范，避免触犯下述失礼的禁忌。

（1）不要用左手相握。

（2）忌握手时戴着手套或不戴手套与人握手后用手巾擦手，那会让别人误以为你觉得他的手脏，是很失礼的。只有女士在社交场合戴着薄纱手套握手，才是被允许的。

（3）不要在握手时另外一只手插在衣袋里或拿着东西。

（4）不要在握手时面无表情、不置一词或长篇大论、点头哈腰、过分客套。

（5）不要在握手时仅仅握住对方的手指尖，好像有意与对方保持距离。正确的做法是握住整个手掌，即使对异性也应这样。

（6）不要在握手时把对方的手拉过来、推过去，或者上下左右抖个没完。

（7）不要拒绝握手，即使有手疾或汗湿、弄脏了，也要和对方说一下"对不起，我的手现在不方便"，以免造成不必要的误会。

在握手中，运用正确的方法，避免以上的错误，就能发挥握手的神奇作用。许多人都以为握手只是一种简单的礼节上的问候，殊不知，错误的握手方式留给别人的不良的第一印象却是难以弥补的。所以，正确的握手方式，是彰显良好的自我形象必不可少的一环。

女性应注意的握手细节

小新第一天上小学,在教室门口见到了自己的女老师。他像大人一样伸出手同老师握手,老师微笑着伸出右手,轻柔地握住小新的手。小新笑着对老师说:"老师,你的力气比我爸爸小多了。跟他握手我的手会好疼哦。"

女老师的轻柔握手,并不是像小新认为的是因为力气小的原因,而是她本身的习惯,而且很多女性习惯于这种轻柔的握手方式。

在社交场合,女性握手时习惯运用比较小的力度,这种轻柔的方式传达出恭顺的信号。她们用这种方式区别于男性,从而彰显自己的女性特征。这样的握手方式可以传达你的温柔与细腻,但实际这样的方式在职场上反而会给你带来阻力。

因为女性习惯的轻柔握手如果控制不当很容易成为呆滞型的握手方式,也就是完全一点力度也没有,只是向对方伸出了手,但是不给出一点握力。这样的方式让对方感觉到你冷淡高傲,没有把对方放在心上,如果再加上手心黏腻的汗液,实在是令人反感。

女性的职场地位虽然越来越高,但不可否认现在的职场,男性无论从数量还是权力地位都还占据着主导权。所以如果一个女性想要在职场上获得更大的发展,就要避免过度地彰显女性特质,否则你的男性合作伙伴就很容易忽略你的工作身份,而把注意力集中在与工作无关的女性特点上。

除了握手的力度，女性还要注意自己的指甲，很多女士都喜欢留长指甲，因此在握手过程中难免会发生指甲划到别人手的情况，无论你划得轻还是重，都会给对方带来一定的困扰，造成一定的尴尬，所以，女士们，请先修剪你的指甲，若留有长指甲伸出手的时候要倍加小心，千万别给对方留下痕迹。

握手所能传达出来的个人信息是相当多的，所以一定要重视。如果你在和别人的首次见面时使用了呆滞的握手方法，很可能让对方认为你是一个缺乏责任感的人。而且因为你不想使用一点力度，显得你对彼此的关系并不看重，并不想进一步地沟通，因为你一点儿也不想投入和付出。所以，女士们要注意了：保持手部的干燥，注意自己的指甲，并且在握手时适当用力，才能让你的握手不成为你形象的败笔。

使用双手和他人握手的方式

握手的方式多种多样，最常见的是握手双方的手掌都处于垂直状态，这是一种平等而自然同时也是最普通、最稳妥的握手方式。还有一种握手方式在世界上很多国家和地区也非常流行，它就是双手和他人握手的方式。

所谓"使用双手和他人握手的方式"，也即与人握手时，不是仅用右手与对方握手，而是用双手握住对方的手，同时还伴有诚挚的微笑、注视对方的眼睛，以及满怀自信地重复对方的名字或姓氏。有些时候，还会真诚地询问一下对方的身体（晚辈见长辈的时候）。相比于单手掌握手，用双手和他人握手能大大增加双方的身体接触，这就有利于拉近彼此间的距离；用双手和他人握手也能通过限制对方的右手而起到控制对方的作用，从而让自己在接下来的交流中占据主动地位。

双手紧握对方手的人，表现出超人的热情和极度盼望的心情，这种被称作手套式的握手，是为政治家们所钟情的、被用来操纵人们心理的握手方式。它表现了对被握手人的亲密和渴望，它能缩短或消融人们之间的距离。例如美国大选的时候，在电视上总统竞选人与选民之间常用这种握手方式，它让观众感到了候选人的热情、诚恳、平易近人，留给选民一个"人民的总统"的美好形象。所以，有些时候双手与他人握手被称为"政治家的握手"。

不同于最普通、最稳妥的握手方式，双手与他人握手的方式不是在任何情况下或是与任何人见面时都可以使用的，它有自己特定的使用的场合、时间以及对象。

1. 初次见面慎用

使用这种握手方式的人的初衷是让对方相信自己的真诚和热情，故而激动之下不由自主地用双手握住对方的手。但是，如果这是你和对方的首次见面，尤其是和异性首次见面时，你这样做可能会适得其反，会让对方怀疑你的诚意，甚至还可能产生某些误会。所以，与人初次见面时，应该慎用此种握手方式。

2. 场合要得当

一般来说，双手与他人握手时，两人的身体接触较近，尤其是一方弯下腰时，两个人就像在拥抱一样。这种情况下，如果处理不当，极易让人产生误解。所以，最好在适宜拥抱的场合使用此种握手方式。

3. 对象要恰当

几乎每个人都有用右臂来保护自己的自我防卫意识，当你用双手和对方握手的时候，你就大大限制了对方右手的行动，使它处于你的控制之下，这就限制了对方的自我防卫能力。所以，当你和对方不熟悉时，就不应该用双手和对方握手，不然的话，对方就可能怀疑你的热情和诚意了。只有当你和对方比较熟悉，或是已经见过几次面，才可以使用双手和对方握手。只有这样，对方才不会怀疑你的诚意。

轻触他人的手，让你给他人留下好的印象

美国的心理学家近来研究发现，有意识地轻轻触碰一下对方的手可能会给别人留下很好的印象，更为有趣的是，如果你从事的是服务行业工作，那你的这一举动还可能会带给你更多的收入。

为此，心理学家还专门做了一个小测验。他们让一家饭店的部分服务员在客人结账时有意识地轻轻触碰一下客人的手肘或是手。结果发现，这样做的女性服务员从客人那里得到的小费要比没有这样做的女性服务员多40%左右，而男性服务员也这样做时，其所得小费也要比没有这样做的男性服务员多30%左右。

通过上面的案例可以看出，轻触他人的手，可以让自己在对方心中留下美好的印象。不仅如此，与新同事或是新朋友见面时，如果你在与其进行握手的同时能用自己的另一只手去轻轻触碰一下他的手或手肘，然后再重复一遍他的名字，对方就会感觉你非常尊重和在意他。

如果你在与他谈话时，也能偶尔地触碰一下对方的手或手肘的话，就能让对方更加认真倾听你的话语，从而给他留下一个好的印象。

不过，有些时候，轻轻触碰对方肩部或背部可以看作给予其鼓励，如老板在听完某位员工的述职报告后，简单地轻拍了一下该员工的背部，这往往就是表示对其工作成绩的肯定和鼓励，但是，在很多其他场合中，身体接触则是一个敏感问题。比如，如果一位女性抚摸男同事的手臂会被认为是一种性挑逗，而男性做出同样的动作却会被认为是盛气凌人或者故作谦虚。

此外，在一些国家和地区，一个人是否具有触碰他人的权利，往往取决于他的身份和地位。一般来说，在这些国家和地区，那些富有、年长或职位较高的人可以触碰那些年轻、贫困或者职位较低的人，但是反过来则不行。

所以，在与人交往中，我们可以积极利用这个特点，让自己在对方心中留下好印象，从而让我们在社交活动中如鱼得水。

塔尖式手势，彰显你的自信

一般来说，在身体语言中，对一个姿势的理解需要结合其他姿势群和具体的环境，才能解读其真正的含义，因为某一具体手势在这个特定场合中可能有某个特定含义，而在另外一个特定场合中却可能并没有含义。比如，在一个寒冷的房间里，某人将双臂交叉放在胸前可能仅仅是为了防寒取暖，而与防御自卫或者孤独离群没有丝毫关系。

但体语中有一个姿势却是例外，它是一个孤立的姿势，不需要结合其他姿势群和具体的环境就能表达一个明确而具体的含义，这就是"塔尖式手势"。

所谓塔尖式手势，是对一种手势的形象称呼，指双手手指一对一地在指尖处结合起来，但两个手掌并没有接触，外表看上去就像教堂的尖塔一样，故而被称为塔尖式手势。它表达的意义就是姿势发出者对自己非常自信。一般来说，采用这个姿势的主要是这样一些人：非常自信、有优越感、较少使用身体语言的人。

研究表明，职场中有一种很普遍的现象就是那些自信的佼佼者经常使用塔尖式手势，以显示他们的高傲情绪。在上下级之间，这种手势主要用来表示当事者"万事皆知"的心理状态。如某些大公司的总经理在给他的下级传达指示时经常使用这一手势，某些做报告的领导，常常坐在讲桌旁，双臂支放在桌子上，双手不由自主地形成塔尖式。这种手势在会计、律师、经理、单位领导和同类人中间显得更普遍。

具体来说，根据塔尖的朝向，塔尖式手势可以分为向上和向下两种姿势。当一个人向别人发号施令，或是在阐述自己的观点、意见时，其手势的塔尖朝向上方；当一个人在聆听别人说话时，其手势的塔尖可能会朝下。心理学家研究发现，女性不论是在对别人发号施令，还是在聆听别人说话，她们都喜欢用倒置的塔尖手势来含蓄表达自己的自信。如果一个人在做出塔尖朝上手势的同时，还昂起自己的头，这就表示他是一个自以为是并且很自大的家伙。更为夸张的是，某些人在观看对方时，也喜欢做出塔尖式手势（指尖朝上）。他先把十指做成塔尖式手势，并将其置于与双眼平行的位置，然后透过两掌间的缝隙盯着对方，一言不发，好像在告诉对方："你心里在想什么我都一清二楚，不要在我面前耍花样，不然后果很严重！"

总的来说，塔尖式手势是一种积极、明确的姿势语言，除了可以用于积极的方面以外，它还可以用于消极的方面。比如，当一个下属在向其经理汇报工作时，他可能会做出一些积极的姿势，比如摊开双掌、身体前倾等。经理在下属汇报完毕后，他可能做出塔尖式手势。要想判断经理这个手势的意义是积极的抑或是消极的，关键就在于经理做出的这个动作是在他的一些积极姿势之后还是在一些消极姿势之后。如果是在一些积极姿势之后做出的，则表示他肯定了这位员工的工作；如果是在一些消极姿势之后做出的，则表示他不太满意这位员工的工作。

准确地识别尖塔式手势，可以迅速地捕捉到对方的态度是消极还是积极，从而为自己的进一步行动打好基础。而正确运用塔尖式手势，可以优雅地彰显自信，并感染对方，使对方无意识地认为：相信他是正确的。

正确地后背双手，树立你的权威

在一些场合中，我们经常能看见这样一些人，他们走路时高昂起自己的头，胸部向前挺起，双手背在身后，一只手握住另一只手。这和尖塔式手势类似，是一种充满优越感和自信的姿势。

心理学家通过研究发现，一个人在通过此种姿势表现优越感和自信心的同时，还会下意识地表现出一种大无畏的英雄气概，并把身体一些脆弱部位，如喉部、心脏、肚子、胯下等，故意暴露出来。

把手放在背后这一姿势，除了可以显示一个人大无畏的英雄气概以外，还可以让一个人感到放松、自信，甚至是具有某种威严性。比如，当你在台下等候上台发表演讲时，可能会感到有些紧张。这时，如果你悄悄退出来，到外面背着双手来回走几圈，你紧张的情绪会大大减少，更为重要的是，你的自信心也会随之增强。再如，很多军官在检查新兵训练情况时，他们走到队伍前面时，往往会不由自主把双手背在后面，高昂起自己的头，并把胸部微微前挺。如此一来，他们的威严形象顿时在新兵心中倍增。

需要注意的是，双手背在身后的姿势也不是一直都代表权威的，有的时候也可以代表挫败感。当然，代表挫败感的姿势与权威感姿势有些不同。你会发现前者背在身后的双手，一只手抓住了另一只手的肘部下方。握住手腕的动作标志着此人内心充满了挫败感，他握住自己的手腕，希望通过这个动作稳定自己，控制情绪。而握住另一只手的那只手抓握的位置越高，此人心中的挫败感或愤怒情绪就越强烈。另外，当一个人内心有着挫败感时，他也会不由自主地收缩前胸，这种含胸驼背的姿势与胸膛挺起的示威姿势是完全不同的。做出这个姿势的人此时不希望自己软弱的内心暴露在外人面前，所以下意识地收缩，希望求得内心的安全感。

这样的动作还会体现出动作者极度的不自信，对眼前的事物有畏惧感。所以在面试中，你一定要刻意留心自己不要做出这些动作，聪明的面试官会一眼看出你内心的紧张与不安，而你不自信的样子也难以给他们留下好的印象。相反,正确地后背双手,即高昂起自己的头,双手背在身后,一只手握住另一只手,可以显示出你的权威,使你的形象闪光,并给面试官一个你是适合做领导者的印象。

双手叉腰——你的形象更具威慑力

在美国西部牛仔片中,总能看到这样的景象:牛仔昂首挺胸地面对敌人,他们的大拇指插在胯部的口袋里,而把其余的指头伸在外面。手臂在身体两侧弯曲着,就像我们平常的叉腰姿势一样。

这种西部牛仔的姿势是在告诉别人"我是个男子汉——我可以支配一切",而两手叉腰的姿势则让男性的身躯显得更加伟岸。为什么会有这样的效果呢?因为两手叉腰的姿势能够让你占据更多的空间,从而让你显得更加魁梧和打眼。

动物界中,很多动物也会用一些办法让自己看起来更强壮。比如鸟儿们会抖动自己的羽毛,鱼儿会吸入大量的水以促进身体膨胀,猫和狗会努力让身上的毛竖立起来,这些做法的目的都是使得自身体积看起来更大,而更大的个头在动物界通常就是更有争斗力的表现。而体毛并不丰富的人类无法使用这种方式达到目的,于是他们想出了另一种方法,这就是双手叉腰的站姿。

叉腰的双手无疑能扩大你的影响范围,就像鸟儿们竖起的羽毛一样,双手叉在腰上也就像给我们自己安上一对额外的翅膀,让我们的形态看起来更加庞大。两个男人的站立谈话场合,你也可以看到这种姿势,而两人之间似乎是很友好地在进行谈话。事实上,两人都潜意识里使用这种姿势向对方传达信号:"我才是控制者,你说话最好要小心。"有时候,男性会把拇指塞进皮带或者放在裤子口袋里,很多男人都用这种姿态来表现攻击性态度。

这种叉腰的姿势在女性中也能见到。比如时装模特在进行 T 型台表演时,就会做出两手叉腰的动作,这是为了更好地展现女性魅力,从而为服装增彩。因为双手所放的位置正是女性身体弧度很大的部位,这个部位也是极具异性吸引力的地方,女性在潜意识里明白这一点,所以这种姿势也可以看作一种炫耀性的动作。

不过,双手叉腰毕竟还是在男性中比较常见,他们在感觉自己的领地被其他男性觊觎时,会用这样的姿势向入侵者发起无声的挑战。因此,两手叉腰是一种明确的警告姿势,男性用这个姿势震慑对方。

所以,为了我们自身的形象,应该正确地运用双手叉腰的姿势,不应由无心地双手叉腰使对方产生被压迫心理。但可以在适当的时候,为了维护自己的形象摆出这个姿势,威慑对方,表明自己不可侵犯。

第二节
表情比衣服更重要

真诚的微笑使你的形象闪光

　　百货店里,有个穷苦的妇人,带着一个约 4 岁的男孩在转圈。母子俩走到一架快照摄影机旁,孩子拉着妈妈的手说:"妈妈,让我照一张相吧?"妈妈弯下腰,把孩子额前的头发拢在一旁,很慈祥地说:"不要照了,你的衣服太旧了。"孩子沉默了片刻,抬起头来说:"可是,妈妈,我会面带微笑的。"

　　相信看到这儿,每个人的心都会被那个小男孩所感动。因为小男孩的话无意中道破了一个真理:只要有真诚的微笑,生活永远都是崭新的。

　　没有什么东西能比一个阳光般灿烂的微笑更能打动人的了。微笑具有神奇的魔力,它能够化解人与人之间的坚冰,同时,微笑也是你身心是否健康和人生是否幸福的标志。一旦你学会了微笑,你就会发现,你的生活从此会变得更加轻松,而人们也喜欢享受你那阳光般灿烂的微笑。

　　法国作家拉伯雷说过这样的话:"生活是一面镜子,你对它笑,它就对你笑,你对它哭,它就对你哭。"如果我们整日愁眉苦脸地生活,生活肯定愁眉不展;如果我们爽朗乐观地生活,生活肯定阳光灿烂。既然现实无法改变,当我们面对困惑、无奈时,不妨给自己一个笑脸,一笑解千愁。

真诚的微笑，可以解除忧愁，也可以使人们有生活下去的勇气。不仅如此，微笑还可以治疗各种病痛。因为微笑能加快肺部呼吸，增加肺活量，能促进血液循环，使血液获得更多的氧，从而更好地抵御各种病菌的入侵。

微笑是一种心态的外在表现，这种魔力不仅能够给日渐枯萎的生命注入新的甘露，也会使你的人生开出幸福的花朵。微笑的后面蕴含的是坚实的、无可比拟的力量，一种对生活的巨大热忱和信心，一种高格调的真诚与豁达，一种直面人生的智慧与勇气。而且境由心生，境随心转。我们内心的思想可以改变外在的容貌，同样也可以改变周遭的环境。

不过，在生活中，不是只存在真诚的微笑，还有虚伪的笑，也就是我们说的假笑。比如拍照时，我们喜欢说"茄子"，因为这个词语的发音可以使颧肌肌肉收缩，达到微笑的效果。可是，这样拍出来的笑容并不真实，因为当我们假笑时，只会在嘴的四周出现细纹，而当一个人发出真心的灿烂笑容时，眼角和嘴角都会浮现出细细的纹路的。

一般情况下，假笑都是与虚伪挂钩的，不是发自内心的笑。我们经常说"皮笑肉不笑"，就是假笑。虚假的笑，矫揉造作，为了掩盖自己不可告人的用心而故作微笑。时间久了，自然会被识破。所以，对于我们自己来说，我们提倡真诚的笑。但平时的"练习"也并不就是假惺惺的。因为人在微笑或大笑的时候，不管是否真的有特别开心的感觉，左半脑里的"快乐空间"都会感到兴奋，而脑电波也会因此而变得活跃起来。这样的练习增多，人就会变得爱笑，并且有更多时候发自内心地笑了。

不过，就像善意的谎言一样，善意的假笑也并不是没有一点可爱之处。现实生活中绝大多数人都无法准确地区分真笑与假笑，而且只要看见有人冲我们微笑，我们大都会有一种满足感。如果对方没有什么用心，只是单纯地为了彼此的友好而假笑，也是可以理解的。

真诚的笑是阳光的美丽外衣，一个笑容就像一个穿过乌云的太阳，能够给人带来希望，并拉近人与人之间的距离。所以，真诚地绽放你的笑容吧，这个简单的动作可以为你的形象带来不可估量的增值。

不同的笑容反映了不同的性格和形象

我们每个人都会笑，我们也经常被鼓励要多笑，但是，我们却不能随便笑，因为不同的笑容和性格有着一些必然联系，而这又直接影响了我们的形象。以下列举了几种常见的笑及其反映出的人物性格。

1. 捧腹大笑

捧腹大笑的人多为心胸开阔者。当别人取得成就以后，他们有的只是真心的祝愿，而很少产生嫉妒心理。在他人犯了错以后，他们也会给予最大限度的宽容和理解。他们很富有幽默感，总是能够让周围人感受到他们所带来的快乐，同时他们还极富有爱心和同情心，在自己的能力范围内，对他人会给予适当的帮助。他们不势利眼、嫌贫爱富、欺软怕硬，比较正直。所以，你可以在适当的时候捧腹大笑，这样会留给别人正直、坦诚的印象。

2. 时常悄悄微笑的人

经常悄悄微笑的人，除了性格比较内向、害羞以外，还有一种性格特征就是他们的思维非常缜密，而且头脑异常冷静，在什么时候都能让自己跳出所在的圈子，作为一个局外人来冷眼看待事情的发生、进展情况，这样可以更有利于自己做出各种决定。他们很善于隐藏自己，绝对不会轻易将内心真实的想法告诉别人。

3. 狂声大笑的人

平时看起来沉默少语，而且显得有些木讷，但笑起来却一发而不可收，或者经常放声狂笑，直到站不稳了。这样的人是最适合做朋友，他们虽然在与陌生人的交往中表现得不够热情和亲切，甚至是有些让人难以接近，但一旦真正与人交往，他们是十分注重友情的，并且在一定的时候，能够为朋友做出牺牲。基于这一点，有很多人乐于与他们交往，他们自己本身也会营造出比较不错的社会人际关系。

4. 笑得全身打晃的人

笑的幅度非常大，全身都在打晃，这样的人性格多较直率和真诚，和他们做朋友是不错的选择，因为当朋友有了错误和缺点以后，他们往往能够直言不讳地指出来，不会为了不得罪人而视而不见。他们不吝啬，在自己能力范围内对他人的需要总是会尽自己最大的努力。基于这些，在自己遇到困难的时候，也会得到来自别人的关心和帮助。他们会使大家喜欢自己，能够营造出很好的社会人际关系。

5. 小心翼翼地偷着笑的人

小心翼翼地偷着笑的人，他们大多是内向型的人，性格中传统、保守的成分很多，而与此同时，他们在为人处世时又会显得有些腼腆。

但是他们对他人的要求往往很高，如果达不到要求，常常会影响到自己的心情，不过他们和朋友却是可以患难与共的。

6. 看到别人笑，自己也会随之笑起来的人

看到别人笑，自己就会随之笑起来，他们多是快乐而又开朗的人，情绪因为事情的变化而变化，而且富有一定的同情心。他们对生活的态度是很积极的。

7. 笑的时候用双手遮住嘴巴

笑的时候用双手遮住嘴巴，表明他是一个相当害羞的人，他们的性格大多比较内向，还比较温柔。他们一般不会轻易地向别人说出自己内心的真实想法，包括亲朋好友。

8. 开怀大笑的人

开怀大笑、笑声非常爽朗的人，多是坦率、真诚而又热情的。他们是行动派的人，决定要做一件事情，马上就会付诸行动，非常果断和迅速，绝对不会拖拖拉拉。这一类型的人，虽然表面上看起来很坚强，但他们的内心在一定程度上却是非常脆弱的。

9. 笑起来断断续续的人

笑起来断断续续，笑声让人听起来很不舒服的人，其性情大多是比较冷漠和孤独的。他们比较现实和实际，自己轻易不会付出什么。他们的观察力在很多时候是相当敏锐的，能观察到别人心里在想些什么，然后投其所好，伺机行事。

10. 笑出眼泪的人

笑出眼泪来是由于笑的幅度太大所致。经常出现这种情况的人，他们的感情多是相当丰富的，具有爱心和同情心，生活态度是积极乐观和

向上的，他们有一定的进取心和取胜欲望。他们可以帮助别人，并适当地牺牲一些自我利益，但却不求回报。

所以，不同的笑，反映了不同的性格，基于这样的性格，又呈现出了不同的形象。因此，如果我们不想一开始就留给对方不好的印象，就应该适当地控制自己笑的方式。相应地，如果我们想给对方留下一种特定的良好印象，就可以有选择地笑。

眼睛是表达情感的窗口

许多年前，在弗吉尼亚北部，一个很冷的晚上，一位老人等待骑手带他过河，他的胡须挂上的霜已在冬天结成冰。等待永无止境，在冰冷的北风中，他的躯体变得麻木和僵硬。

他听见马沿着冰冻的路面奔跑着逐渐远去的均匀的蹄声，当几个骑手路过时，他忧虑地看着他们，他在第一个骑手走过时没有让自己引起他的注意；第二个、第三个都这样过去了；当最后一个骑手来到老人坐的地方时，老人已像一个雪人。老人看着骑手的眼睛，说："先生，您不介意带一个老人过河吧？我已经找不到路了。"

骑手勒住了马，亲切地回答道："当然，上马吧。"看到老人被冻僵的身体不可能起身，他便下马帮助老人。骑手不仅带着老人过了河，还把他带到了目的地。当他们来到温暖的小屋前时，骑手好奇地问："老先生，我注意到您让几个骑手走过而没有请他们带你，然而我来，您却立刻请求我，我觉得奇怪，这是为什么？在这样寒冷的冬夜，您情愿等待和请求最后一个骑手。如果我拒绝，您怎么办？"

老人慢慢地从马上下来，看着骑手的眼睛说："我在这里已经有些日子了，我想我更了解当地人。"老人继续说，"我看见了他们的眼睛，立即知道他们并不关心我的状况，请求他们帮助是没有用的。但在您的眼神里，我看到了友善和同情。"

这名骑手就是美国历史上著名的总统托马斯·杰斐逊。

从不同的眼睛中，可以看出不同的感情和意思，这就是眼睛的魅力。爱默生曾对眼睛做过这样的描述："人的眼睛和舌头所说的话一样多，不需要词典，却能够从眼睛的语言中了解整个世界，这是它的好处。"眼睛被誉为心灵的窗户，这表明它具有反映人的深层心理的功能，其动作、神情、状态是情感最明确的表现。

所以，正确运用眼神来表达情感，就显得尤为重要。以下为几种运用眼神的方法，及由这些眼神所反映出的含义。

（1）与人交谈时，视线接触对方脸部的时间在正常情况下应占全部谈话时间的30%～60%，如超过这一平均值，可认为对谈话者本人比对谈话内容更感兴趣。比如一对情侣在讲话时总是互相凝视对方的脸部。若低于此平均值，则表示对谈话内容和谈话者本人都不怎么感兴趣。

（2）在1秒钟之内连续眨眼几次，这是神情活跃，对某事件感兴趣的表现；有时也可理解为由于个性怯懦或羞涩，不敢正眼直视而做出不停眨眼的动作。在正常情况下，一般人每分钟眨眼5～8次，每次眨眼不超过1秒钟。时间超过1秒钟的眨眼表示厌烦、不感兴趣，或显示自己比对方优越，有藐视对方和不屑一顾的意思。

（3）倾听对方说话时，几乎不看对方，那是企图掩饰什么的表现。据说，海关的检查人员在检查已填好的报关表格时，他通常会再问一句："还有什么东西要呈报没有？"这时多数检查人员的眼睛不是看着报关表格，而是盯着过关人员的眼睛，如果你不敢坦然正视检查人员的眼睛，那就表明你在某些方面有不够老实的地方。

（4）瞪大眼睛看着对方是表示对对方有很大兴趣。

（5）目光闪烁不定是一种反常的举动，通常被视为用来掩饰的手段或性格上不诚实。一个做事虚伪或者当场撒谎的人，其目光常常闪烁不定。

（6）当人处于兴奋时，往往是双目生辉、炯炯有神，此时瞳孔就会放大；而消极、戒备或愤怒时，愁眉紧锁、目光无神、神情呆滞，此时瞳孔就会缩小。实验表明，瞳孔所传达的信息是无法用意志来控制的。当然眼神传递的信息远不止前面讲到的这些，有许多只能意会而难以言传，就要需要我们在实践中用心观察、积累经验、努力把握。

以上只是列举了几种比较常见的情况，事实上，眼睛能够传达很多连语言都无法准确表达的奥妙。正确地进行眼神交流，不仅可以给别人留下美好印象，还能缩短人与人之间的距离，为我们的社交活动起到事半功倍的作用。所以，运用我们多情多义的眼睛吧，这是我们与生俱来的财富。

成功地运用目光,胜过千言万语

谈判桌上的双方此时进入了对峙阶段,一方的谈判代表之一开始言辞激烈地阐述自己的优势。他的声调越来越高,突然他看到女上司注视着自己,眼神严厉而不是赞许。虽然女上司没有直接制止他的讲话,他还是就此打住了。谈判后来取得了胜利,女上司对他说:"当时他们已经有所动摇,你太过激烈的表现会引起反感,还好你明白了我的意思。"

女上司用威严的目光制止了下属的发言,而不是直接打断他的讲话,这样的做法既获得了谈判的胜利,又为下属保全了面子。所以,有的时候一个眼神更胜过千言万语。

通常情况下,眼睛能够告诉你人们内心的想法。会面的两个人如果彼此较多地注视对方的眼睛,那就代表他们彼此之间都很感兴趣,或者对所谈的话题有热情。相反如果话不投机,彼此之间就会尽量避免注视对方,这样可减轻紧张的形势。如果你想在争辩时获胜,那就千万不要移开目光。如果你希望加强某种感觉,可以用眼神来辅助;如果你想减轻某种感受,就减少眼光接触。

当女性面对男性时,通常较审慎地看着男人。不过,同样是被注视,女人却比男人更容易把眼神移开。这可能是因为女性对身体语言更加敏感,所以害怕自己在交往中因为眼神而泄露了秘密从而处于弱势。据说某著名外交官为了避免眼神泄露内心的秘密,就习惯在谈判中戴上墨镜，这样就可以避免被对方抓住弱点，而与对手展开持久战。

不过，使用目光接触要得当，目光注视超过5秒钟就成了凝视。而且女性长时间地注视异性也会让人误解你的信息。所以，在与对方交谈时既要注视对方，又要避免凝视带来的副作用。要让对方从你的视线中感到你的真诚、友善、信任、尊重的情感。切忌视线向上，这是傲慢的表示；视线向下，这是忧伤的表示；环顾左右，这是心绪不宁的表示。

因此，目光接触是非语言沟通的主渠道，是获取信息的主要来源。人们对目光的感觉是非常敏感、深刻的。通过目光的接触来洞察对方心理活动的方法，我们称之为"睛探"。目光接触可以促进双方谈话同步化。在与对方交谈时，一定要用眼正视对方，让别人更有效地理解你的思想感情、性格、态度。同时，通过"睛探"，可以更好地从对方的眼神中获得反馈信息，及时对你的说话进行必要的调整。通过这样的审时度势，一旦发现问题，可以随机应变，采取应急措施，从而做出有利的决策，保障自己的形象及利益不会受损。

选择适合的目光投向，为自身的形象加分

西莉亚自幼学习艺术体操，身段匀称灵活。可是很不幸，一次意外事故导致她下肢严重受伤，一条腿留下后遗症——走路有一点瘸。为此，她十分懊丧，甚至不敢走上街去，因为害怕看见别人注视残腿的目光。作为一种逃避，西莉亚搬到了约克郡乡下。

一天，小镇上的雷诺兹老师领着一个女孩来向她学跳苏格兰舞。在他们诚恳的请求下，西莉亚勉为其难地答应了他们。为了不让他们察觉自己残疾的腿，西莉亚特意提早坐在一把藤椅上。可那个女孩偏偏天生笨拙，连起码的乐感和节奏感都没有。当那个女孩再一次跳错时，西莉亚不由自主地站起来给对方示范那个要领——一个带旋转的交叉滑步动作。西莉亚一转身，便敏感地看见那个学生的目光正盯着自己的腿，一副惊讶的神情。她忽然意识到，自己一直刻意掩盖的残疾在刚才的瞬间已暴露无遗。这时，一种自卑让她无端地恼怒起来。西莉亚的行为伤害了女孩的自尊心，女孩难过地跑开了。

事后，西莉亚满心歉疚。过了两天，西莉亚亲自来到学校，和雷诺兹老师一起等候那个女孩。西莉亚说："如果把你训练成一名专业舞者恐怕不容易，但我保证，你一定会成为一个不错的领舞者。"

这一次，他们就在学校操场上跳，有不少学生好奇地围观。那个女孩笨手笨脚的舞姿不时招来同学的嘲笑，她满脸通红，不断犯错，每跳一步，都如芒刺在背。西莉亚看在眼里，深深理解那种无奈的自卑感。她走过去，轻声对那个女孩说："假如一个舞者只盯着自己的脚，就无法享受跳舞的快乐，而且别人也会跟着注意你的脚，发现你的错误。现在你仰起脸，面带微笑地跳完这支舞曲，别管步伐是不是错。"

说完，西莉亚和那个女孩面对面站好，朝雷诺兹老师示意了一下。悠扬的手风琴音乐响起，她们踏着拍子，愉快起舞。其实那个女孩的步伐还有些错误，而且动作不是很和谐，但意外的效果出现了——那些旁观的学生被她们脸上的微笑所感染，也不再去关注舞蹈细节上的错误。渐渐地，有越来越多的学生情不自禁地加入到舞蹈中。大家尽情地跳啊跳啊，直到太阳下山。

从上面的故事中我们可以发现三个问题：第一，因为那个女孩直视西莉亚的腿，使西莉亚恼怒了；第二，因为那个女孩盯着自己的脚，所以别人也都把目光投向了她的脚；第三，当这个女孩和西莉亚都面带微笑的时候，大家都被感染了，不再关注舞步的细节。通过分析可以得知：第一，不应该将目光投在别人不想被看到的地方。即使看到了，也要迅速地转移，否则会使对方尴尬。第二，不要过分在意自己的缺点，如果你不在意，别人也可以不在意。第三，再一次验证了我们前面所说的，真诚的微笑使你的形象闪光。

那么，当人们面对面交流时，到底应该将目光投到哪里呢？

米歇尔·阿基利认为，一个人在与他人进行交谈的过程中，视线朝向对方脸部的时间占据双方谈话时间的30%～60%。然而，在面对面的交流中，我们常常不知道自己的目光应该投向哪儿，尤其是异性之间的交流，常常因为不恰当的目光而引起误会。一般来说，有三种主要的注视方式。

1.眼睛以上的额头区域

把目光投向对方的这个区域，会让你的目光变得很有威严感，让他人感觉到你的威严和可信。因为你的视线可以凌驾在对方视线之上，也就是我们常说的"高人一等"的感觉。你的这种注视让对方觉得你似乎对他有些轻视，或者觉得你的优越感甚强。这样的心理会让他感觉到不舒服，而你们之间的气氛就会突然变得严肃起来。如果你的职位高于对方，这样的视线投向还不会让对方特别反感，但如果你对同事或者上司使用这种目光投向，就会让对方对你产生极为不满的态度。

2. 下巴以下甚至更低的区域

这个区域所汇集的目光通常会很暧昧,所以最经常见于男女之间。通常能够突出性别区别的部位就在这个区域中。人们通过迅速的视线扫描后才会把视线转移到对方的脸上,因为他要首先确定你的性别。特殊场合,比如宴会、酒吧里,单身男女想要寻找另一半,这样的目光区域并不会引发反感,如果对方对你有意,也会把视线投到你身上相同的区域。

3. 眼睛和嘴巴组成的三角区域

这个区域是普通社交活动中人们目光投向的基本区域。专家曾做过实验,证明在普通的社交活动中,大约有 90% 的时间里目光都停留在这个三角区域。所以,我们在一般的社交活动中会自然而然地注视交谈对象脸上的这个区域,对方的视线也落在我们脸上这个部位。所以,这样的注视是最普通和平常的,双方都会感到很安心。因此,一般的交往中将你的目光投向对方面部的这个区域,你们的谈话就能够顺利进行。

男性与女性之间互相注视,其视线的投向都有所不同。不过视线的投向却能给对方留下不同的印象,而这种印象有时能直接影响到以后的交往。我们在前面说过,女性的视野是发散型的,所以你一般不容易观察到她把视线投向了哪里;而男性则通常会注意到最具有女性特征的部位。

视线投向对方的整张脸孔,这样的视线投向比较能引发好感。经常这样做的人通常拥有很和谐的人际关系。而如果你的视线直直地投向对方的胸部,就容易引发厌恶感。尤其是男性紧盯着女性的胸部会让女性特别厌恶。而如果你的视线投向对方的下半身或者脚部，就容易给对方留下一个特别差的印象，因为你的目光会让对方感到敏感，觉得你有窥探他内心的意图。如果你不敢直视对方，给对方的印象就会比较浅。而如果你的视线左右摇摆，就会让对方觉得你心不在焉，似乎对对方并无兴趣，从而让你错失与对方知遇的机会。

目光的不同投向，反映了不同的心理活动。所以，我们应该根据具体情况，选择适合的目光投向，从而为自身的形象加分。

轻抬眉毛表达好感

轻抬眉毛的动作从远古时代就已经广泛使用了，人们向距离稍远处的人打招呼的时候会使用这个动作，迅速地轻轻抬一下眉毛，瞬间后又回复原位，这个动作可以把别人的注意力引到自己的脸上，让人家明白自己正在向他问好。这个动作几乎全世界通用，甚至你在猴子和猩猩的社会中也会发现它的使用率相当高。

当一个人在做此种姿势的时候，他会迅速扬起自己的眉毛，然后又迅速降下，从而让别人注意到自己的脸，从而认出自己。如此一来，可能的话，双方便可以进行进一步的交流了。

需要注意的是，当一个人对他人扬起眉毛，除了有向远处的人打招呼的意思之外，它还可能向对方传达这样一些信息："我承认你的存在"，"我很吃惊，居然在这里看见了你"，"我很害怕你"，"我知道你的存在，但请你放心，我不会威胁到你"。因而，在某种程度上来说，对他人扬眉是一种较为礼貌的招呼别人的方式。这可能也使很多人认为，和某人初次见面时如果对方不对自己扬眉，那么此人可能是来者不善。心理学家下面的这个实验也似乎证明了这一点。实验中，心理学家让甲坐在一家酒店的门口，用眼睛看着那些来来往往的顾客，但眉毛不准上扬。结果，很多顾客在和甲在进行短暂的眼神交流后便匆匆离开了，一些顾客离开时脸上甚至还带着几丝恐慌的神色。随后，心理学家又派乙坐在这家酒店的门口，要求他也用眼睛看着那些来来往往的顾客，同时，还要求他在和顾客进行眼神交流的时候，眉毛必须上扬。这次的结果和甲得到的结果大相径庭，当乙向那些来来往往的顾客扬眉微笑的时候，很多顾客也对他扬眉微笑，还有一些顾客居然走到乙的身边和他交谈起来。

轻轻抬起眉毛能够表达你的好感，因而也能吸引别人对你的好感，所以，不要吝啬你眉毛的表情，让你轻抬的眉毛为你建立更好的形象吧！

学会用眉毛传情达意

小云最近心情很低落，但是，在工作中，她还是积极调动自己的情绪，一如既往地认真而努力。

一天，部门经理找她谈话，问她最近为何事发愁。小云很惊讶，问："您是怎么知道的？"经理说："你的眉毛都皱成疙瘩啦！我还看不出来？"

说到脸上的表情，我们会想到笑容，想到眼睛或者嘴巴，但是很少能想到眉毛。其实眉毛也能很好地传达人们的感情。如果一个人的心情变化了，那么眉毛的形状也会改变。以下列举了几种眉毛的形状与人们心理的关系。

1. 皱眉

常见的皱眉，常常被理解为厌倦、反感、困苦等。其实，皱眉分为防护性和侵略性两种。当眼睛突遇强光照射，或者面临外界攻击，或者情绪过于强烈时，眉毛就会出现防护性的皱眉。而侵略性的皱眉，是担心自己侵略性的情绪会激起对方的反击而产生的一种自卫方式，也是出于防御。如果是真正侵略性的眼光，应该是瞪着眼睛，直视对方，毫不皱眉的。

2. 闪动

眉毛闪动，是一种友善的行为，是全人类通用的表示欢迎的信号。具体是指眉毛先上扬，然后再迅速下降。当两位久别重逢的老朋友见面的时候，往往会出现这个动作。

除了表示欢迎的信号之外，如果在对话中出现眉毛闪动，则表示加强语气。当说话者要强调某一个词语时，眉毛就会自然地扬起并迅速落下。

3. 扬眉

我们经常说"扬眉吐气"这个词，形容自己的某种冤屈或者误解得到了伸张。因此，扬眉可以表示自己的怨气得到消解后的轻松。

当人的双眉一起上扬时，表示非常欣喜或者惊讶；而单眉上扬，则是表示不理解、有疑问。我们前面说，当我们面临某种恐惧的事件时，可以用皱眉来保护眼睛，同样，也可以用扬眉来扩大视野，起到保护眼睛的作用。所以，一般我们反应为：当威胁来临，以皱眉来保护眼睛，而当危机减弱时，就要扬眉来看清周围的环境。

4. 耸眉

耸眉表现为，眉毛先扬起，停留片刻，再下降。与眉毛闪动的区别就在于"停留片刻"。耸眉表示一种不愉快的惊奇，或者无可奈何的样子。有的时候，在人们热烈谈话谈到重要处时，也会不断地耸眉。

总之，眉毛的变化可以反映一个人情绪的变动。你可以通过一个人眉毛的表情来判断他此刻的心情，从而做出合适的举措。这样会使对方感受到你的理解，并感到沟通顺利，从而给对方留下善解人意的印象。

第三节
优雅的行为举止让你脱颖而出

站出你的自信与风采

有一位年轻人到一家大公司应聘,在自我介绍时,他身体松垮地斜立着,手懒洋洋地插在裤袋里,并且右腿还不停地抖动。面试结束后,那位面试官告诉他很遗憾公司不能要他,因为他的这些"现场秀"无法让别人产生好感。

这个年轻人的教训是值得警惕的。一般说来,在应聘面谈中,你站立时要站得直——"立如松",站立时不能下意识地抖动肩膀,或用手搓裤子。标准的站立姿势要求头正、颈直,两眼向前平视、闭嘴、下颌微收;双肩要平,微向后张,挺胸收腹,上体自然挺拔;两臂自然下垂,手指并拢自然微屈,中指压裤缝;两腿挺直,膝盖相碰,脚跟并拢,脚尖张开约 60 度;身体重心穿过脊柱,落在两脚正中。从整体看,形成一种优美挺拔、精神饱满的体态。站累时,一只脚可后撤半步,但上体仍须保持垂直,身体重心在两腿正中。此外,还要注意男性和女性站立的姿势有一定的不同。

1. 男性

男性站立时应面带微笑,收小腹和下颌,两脚平均重心,自然微开呈倒 V 字形;并且应抬头挺胸目视前方,给人稳重自信的感觉。

2. 女性

女性站立时，除了抬头挺胸之外，还应注意两脚的姿态是否美观。一般而言，一脚略前，一脚略后，两腿膝盖微微靠拢；双手可交叉于前方或后方。

站姿优美的秘诀在于双脚的位置，不论坐着或走路时，这个位置都是最基本的。优美的站姿需要全身协调，以下是站姿的练习动作：

（1）脚部。右脚的脚踝轻轻靠在左脚的内侧上，右脚是45度，重心放在左脚。

（2）膝盖。前后脚之间轻轻靠拢，不要有丝毫间隙，而且要用力伸直，不可以弯曲。

（3）臀部。双臀紧紧并拢，下半部稍微往前推，上半部稍微往后移动。

（4）腰部。和臀部连成一体，从臀部开始用力，将腰部挺直，缩紧小腹。

（5）手部。左脚在前时，左手也在前，两手垂放在臀部的两侧，手肘微弯，稍稍离开腹侧。

（6）胸部。从臀部到腰部如果姿势都非常正确的话，胸部的位置应该也很正确，不需要多费力气。

（7）肩部。从腰部开始，将背骨挺直，双肩自然地保持水平，绝不可以出现一肩高一肩低的现象。

（8）脖子。肩膀的位置固定了之后，往后面延伸，让耳朵与肩膀成一直线，最好放一面镜子在旁边检查。

在站立时，切忌无精打采地东倒西歪、耸肩驼背，或者懒洋洋地倚靠在墙上、桌边或其他可倚靠的东西上，这样会破坏你的形象。站立谈话时，两手可随谈话内容适当做些手势，但在正式场合，不宜将手插在裤袋里或交叉在胸前，更不要下意识地做小动作，如摆弄打火机、香烟盒，玩弄衣带、发辫、咬手指甲等。这样，不但显得拘谨，给人以缺乏自信和经验的感觉，而且也有失仪表的庄重。

走出你的好仪态

琳琳身高一米七五，身材匀称，长相漂亮，气质良好，是块天生的模特料，但是她去面试了很多家模特公司，都被拒绝了。问题都是出在琳琳走路的姿势上，她从小就是严重的外八字，走起路来两脚分开很大，像一只摇摇晃晃的鸭子。爸爸妈妈早就提醒她要改正这个走路姿势，但是她一直不听，现在经历过那么多次失败后，琳琳终于决定修正自己走路的姿势了。

行走的姿势是行为礼仪中所必不可少的内容。每个人行走的时间比站立的时间要多，而且行走一般又是在公共场所进行的，所以要非常重视行走姿势的轻松优美。

走路时，步态应该自然轻松，目视前方，身体挺直，双肩自然下垂，不摇晃肩膀和上半身，膝关节与脚尖正对前进方向。行走的步子大小适中，自然稳健。还要注意两只脚所踩的是一条直线，而非两条平行线。特别是女性走路时，如果两脚分别踩着左右两条平行线走路，是有失雅观的。此外，走路时，膝盖和脚腕都要富于弹性，两臂应自然、轻松地摆动，使自己走在一定的韵律中，显得自然优美；否则，就会失去节奏感，显得非常不协调，看起来会很不舒服。正确的走路姿势应是：轻而稳，胸要挺，头抬起，两眼平视，步度和步位合乎标准。当多人一起行走时，不要排成横队，不要勾肩搭背。

当你的走路姿势正确时，往往你的大脚趾周围和脚后跟的外侧磨损较多。而如果你的鞋底的磨损位置靠近左右两端外沿，就说明你的走路方式有问题。如鞋底的内侧磨损严重，有可能是 X 形腿或是内八字；而鞋底的外侧磨损严重，则可能是 O 形腿或是外八字。你的走姿不对，不仅会影响你的行为礼仪，还会导致腿部肥胖，下面提示几种容易使腿肥胖的错误走路姿势。

1. 踢着走

有些人因为怕地上的脏水或脏东西弄脏鞋子或裤子，会有一种习惯就是踢着走。踢着走的时候身体会向前倾，走路时只有脚尖踢到地面，然后膝盖一弯，脚跟就往上提。所以，走路的时候腰部很用力，很像走小碎步一般。

2. 压脚走

与踢着走很类似，但是这种压脚走的方式却是双脚着地的时间比踢脚走的时间长。走的时候身体重量会整个压在脚尖上，然后再抬起来。如果长久这样下去，会导致腿肚的肌肉愈来愈发达，就会有讨厌的萝卜腿出现。

3. 踮脚尖走

踮着脚尖走的人，其实本意是为了使步伐更美妙。由于过于在脚尖上使力，会使膝盖因为脚尖使力的关系而太用力于腿肚上，很容易产生萝卜腿。

4. 内八字走法

内八字走路不仅影响胆、胃和膀胱的经络，长期采用这样的走法还会造成 O 形腿。

5. 外八字走法

外八字走法会使膝盖向外，感觉没气质，甚至产生 O 形腿。此外，外八字走路有碍阳经，使肝、脾、肾脏气血紧张，血流不畅，影响大脑血液的供应，造成大脑血液回流不畅。

走路看起来很简单，人人都会，但不是人人都走得优美，走得健康。想要有好仪态的你，请尽早采取正确的走路姿势吧！

每一次出场都是完美现身

在重要社交场合中高贵优雅的人物翩然而至的画面，让我们想到"现身"这个词。但是在日常生活中，很难有这样明确的现身场景。因此，在办公室里、公交车上、聚餐时，等等，就都成了人们现身的机会。

怎样使我们的每一次现身都是完美的呢？

1. 不要焦躁惊慌

不要让焦躁惊慌表现在自己的肢体语言中。所以，要保持自然大方的从容态度。如果带着惊慌就现身了，只能使人觉得你不够沉稳。

2. 要充满活力

　　充满活力的人总是笑容亲切、步伐坚定，流露出一种生命的活力。如果随时随地都能充满活力，不仅能激活自己，也能感染别人。

3. 不要边整理衣服边进门

　　如果你现身时，边整理衣服边出场，就会分散别人的注意力，大家只够看你整理衣服了，就忽略其他的了。而且，这样没有准备好地现身，也会显得你不够稳重。

4. 要姿态端庄

　　时常面带微笑，挺胸抬头，身体不要前倾，更不要弯腰驼背。不要用公文包挡在身前，这样会让你显得怯弱。

5. 不要带着怒气现身

　　如果心情非常不好，请先稳定一下情绪再进门。如果怒气冲冲地进入，只能破坏别人对你的印象，因为没有人喜欢脾气火暴的人。

6. 及时救场，积极补救

　　现身不总是好的、完美的，如果发生了尴尬的事，一定要及时、积极地救场。比如，你一出场就摔倒了，那么，尽可能地迅速起来，并且恢复常态，可以自我幽默一番，这样会让你显得从容和轻松。如果出场失误，又不及时、积极救场的话，那就会给人们留下深刻的坏印象。

　　总之，如果想让自己的每一次出场都完美，可以把周围的环境都想象成镜子，这样你就会时时处处地注意和约束自己的行为，使自己的行为举止优雅得体。

怎样才能坐得优雅

坐得优雅，首先要坐得端正。人的正常坐姿，在其身后没有任何依靠时，上身应挺直稍向前倾，头部端正，目光平视前方，两臂贴身自然下垂，两手随意放在自己腿上，两腿自然弯曲，小腿与地面基本垂直，两脚平落地面，两膝两脚不宜敞开过大，这就是我们常说的"坐有坐相"。

在正式社交场合，入座时要轻而缓，走到座位面前转身，轻稳地坐下。女士如果身穿裙子时，应用手把裙摆向前拢一下再坐。坐下后，身子一般只占座位的2/3，背后有依靠时，不能随意地把头向后仰靠，显出很懒散的样子，也不可以低着头注视地面，表现出心不在焉的样子。身体不能前俯后仰，或者歪向一侧，不要把小腿放在大腿上，更不要把两腿直伸出去，或不断地抖动。

在日常生活中，我们不可能处处这样端庄稳重。但是为了保证坐姿的正确优美，你还是必须注意以下几点：一是落座以后，两腿不要分得太开，这样坐的女性尤为不雅；二是当两腿交叠而坐时，悬空的脚尖应向下，切忌脚尖向上，并上下抖动；三是与人交谈时，勿将上身向前倾或以手支撑着下巴；四是落座后应该安静，不可一会儿向东，一会儿向西，给人一种不安分的感觉；五是坐下后双手可相交搁在大腿上，或轻搭在沙发扶手上，但手心应向下；六是如果座位是椅子，不可前俯后仰，也不能把腿架在椅子或沙发扶手上或架在茶几上，这都是非常失礼的；七是端坐时间过长，会使人感觉疲劳，这时可变换为侧座；八是在社交和会议场合，入座要轻柔和缓，直座要端庄稳重，不可猛起猛坐，弄得座椅乱响，造成紧张气氛，更不能带翻桌上的茶杯等用具，以免尴尬被动。总之，坐的姿势除了要保持腿部的美以外，背部也要挺直，不要像驼背一样，弯胸曲背。座位如两边有扶手时，不要把两手都放在两边的扶手上，给人以老气横秋的感觉，而应轻松自然、落落大方，方显得文静优美。

想让你的坐姿任何时候都优雅得体，除了以上的基本要点，你还得留心这些坐在不同地方的注意事项：当女士坐在低矮沙发上时，如果穿着贴身的短裙，就容易走光，所以务必将两膝并拢，双腿稍横斜，你也可以在膝盖上盖上手绢；当你要坐高凳时，先把高凳往身边挪近一些，然后一只手放在柜台上，另一只扶住高凳，提起一条腿，臀部稍微抬起来，身体顺势向上，轻松连贯地坐上高凳；要从高凳上站起来时，注意不要向前哈腰，要保持后背挺直，稍微挪动一只脚，就很容易做到笔直地站立起来；当你坐在榻榻米上时，就要采取跪坐姿势，女士可以将小腿斜向一侧，但身体一定要正对前方。为了避免脚麻，你可以将臀部稍微提起，转移重心，双脚交错换位，但在你调整自己身体的时候，要注意自己的脚不要对着别人。

当你平时在生活中多注意这些坐姿的细节，并有意识地养成好的入座习惯后，你就会在坐着的时候也能给别人一个好印象，让别人感到愉快。

女人行为举止的八大禁忌

在社交活动或者日常生活中,女人的行为举止尤其受到关注。所以,女性在行为举止方面要特别注意不要犯以下八大禁忌。

1. 不要滔滔不绝

在宴会中,如果有人与你攀谈,你可以简单回答几句,尽量落落大方。但是,不要滔滔不绝地说话,向对方细细盘问或者历数自己的经历等,这样很容易让人觉得你不够端庄。

2. 不要煞风景

在宴会中,面对初相识的人,可以交谈几句无关紧要的话,不要一脸肃穆地坐着,闭口不语。而且,大家都希望看到一张笑盈盈的脸,即使你此时情绪低落,表面上也应该是笑脸相迎,否则肯定会让人觉得大煞风景。

3. 不要忸怩作态

如果你发现有男士在看着你,要表现得从容镇定。如果对方曾与你见过面,可以和他很自然地打个招呼。如果对方是你从来没有见过的,也不要忸怩作态,甚至是怒目回应,你可以自然地坐着,也可以巧妙地离开他的视线范围。

4. 不要无精打采

不要总是显得无精打采,这样会让人觉得你这个人非常散漫。特别是在走路的时候,尽量挺胸抬头,昂首阔步,显示出你的自信与风采。当自我感觉良好时，别人才能对你有良好感觉。

5. 不要失声大笑

任何时候，无论发生了多么搞笑的事，也不能失声大笑，那会使人觉得你非常没有教养。如果听到不得不笑的趣事，那么要保持良好的仪态，然后露出灿烂的笑容。

6. 不要议论别人

喜欢议论别人，几乎是女人的天性。可是，在社交场合说长道短、揭人隐私，肯定是特别有损形象的事，让人反感。

7. 不要在打电话时姿势过分随意

如果你在打电话的时候，姿势很随意，对方是可以感受到的。如果你站着听电话，或者伸直了上身坐着打电话，对方都可以感受出来。而且，尽量使用左手拿听筒，这样右手就可以空出来，随时将对方讲话中的注意事项记录下来。

8. 不要公然补妆

尽管有些女人觉得在恋人面前补妆很有女人味，可是，在社交场合，不要在众目睽睽之下公然补妆，这样会使人觉得不舒服。如果有必要，请到洗手间或化妆间去补妆。

总之，女性想要具有独特的气质和优雅的举止，就必须注重自己的一言一行，在举手投足中，留给人们赏心悦目的感觉。所以，女性要加强自身内在的修养，并且注重自己的言谈举止，时时处处显示你的优雅。

男人行为举止的五大注意事项

女人若想具备优雅的气质就必须时刻注意自己的行为举止,同样,男人若想具备良好的风度,像个文明绅士,同样需要注意自己的行为举止。所以,在与人交往过程中,男人应该注意以下几点。

1. 不要抠鼻子

在社交活动中,抠鼻子、揉眼睛等小动作都是不文明的。如果你在活动中公然搞这些小动作,会让人觉得你不懂礼貌,很傲慢。并且,这些小动作本身也是不文雅的,会显得你很没风度。

2. 不要抖腿

当人们紧张的时候,会抖动腿脚使自己消除紧张情绪。但是这样一来,会让人觉得你是一个胆怯、缺乏自信的人。而且,如果你和别人同坐一排,你抖动腿脚,也会使桌椅晃动,从而打扰别人,引起别人的反感。

3. 不要装腔作势

在正式的社交场合,男人作为主人,在与客人相见时,要握手问候,分别时要礼貌道别。其中,如果有妇女,应该与她们交谈,并把她们介绍给大家,必要时,应该有礼貌地邀请她们参加各种活动。如果有长者,男主人要起立迎接并扶着他入座。总之,在社会交际中,男人的风度应该体现在自然大方、举止从容,而不是装腔作势。

4. 不要摇头摸脑

在交往中，下意识地摇头摸脑也是一种缺乏风度的行为。这会显得你比较局促，会让对方认为你缺乏社交经验，或者认为你不懂礼貌，从而对你产生轻视。另外，这本身也是一种不卫生的习惯，有损自己的形象。

5. 要注意距离

在与人交往中，彼此的距离应该十分注意，因为过近或者过远，都会使人觉得你不礼貌。因此，人们在交谈过程中，应该就交谈形式的不同保持不同的距离。以下列举了三种交谈方式应保持的距离：

（1）亲密式交谈。如果谈话的双方是亲密的朋友或者恋人，可以采用亲密式交谈。此时交谈双方可以随意，只要不有碍于别人即可。

（2）敞开式交谈。当一个人同时与多个人交谈时，谈话对象也不确定，就是敞开式交谈。此时，参与者对距离的远近也不用特别注意，应以在场者都能听到声音为宜。

（3）交流式交谈。两个人之间交谈，交谈的对象也是唯一的，可能是你的上级、客户，也可能是谈判对手或者合作伙伴，此时的交谈就是交流式交谈。此时，交谈适合的距离是1米以外、3米之内。这样，既能顺利地交流信息，也能使对方感到亲切又没有压迫感。

第六章 沟通能力折射你的形象

第一节
最初的几秒钟决定沟通的方向

得体的介绍,让对方记住你

　　自我介绍和介绍别人都是社会交往中必不可少的重要环节。自我介绍如果不当,会影响你的形象。虽然说中国人都以谦虚为美德,但在竞争激烈的今天,适时地推销自己已成为实现自我的一种手段,如果你缺少积极推销自己的勇气,最好能在简短的自我介绍中表现出自己的长处,给人留下美好的印象。而介绍别人时不当,既不利于陌生双方的交流,也有损你在双方心中的形象。所以,做好自我介绍和为别人做好介绍都是让对方记住你、喜欢你必不可少的工作。

　　自我介绍时,名字要特别强调。一般说来,名字就是一个人的招牌,不仅要告诉对方,而且应设法让对方记住。所以,自己的名字要特别说清楚。一些人在做自我介绍时,口中喃喃自语,吐字不清,使别人听不清楚。因为对方听不清楚你在说什么,自然也就记不住你的名字,甚至会认为你这个人有些阴沉、消极。因此,自己的名字一定要一个字一个字清楚地说出来。

　　另外,在介绍时如果只是简单地报出自己的姓名:"我叫××。"也许只过了三五分钟,别人已经把你的姓名忘得一干二净,这样也就无法给别人留下深刻的印象。中国人对于取名非常重视,有的名字富有时代特色,有的名字寄予双亲对子女的殷切厚望,有的名字包含了父母双方的姓或名，总之，每个人的名字总是包含着一定的含义，所以，在自我介绍时，如果能够对自己的名字做一番阐释，能够令人对你印象深刻，具体可以参考以下几种方法。

1. 利用名人式

如黄青翔介绍自己时说："我叫黄青翔，和著名体育主持人黄健翔只有一字之差，但是我们不是兄妹，没有任何关系。"

利用名人的名字来介绍自己的名字，关键是所选的名人要是大家都知道的，否则就收不到效果。

2. 自嘲式

如刘美丽介绍自己时说："不知道父母为何给我取美丽这个名字。我没有苗条的身材，更没有漂亮的脸蛋，这大概是父母希望我虽然外表不美丽，但不要放弃对一切美丽事物的追求吧。"

3. 自夸式

如李小华介绍自己时说："我叫李小华，木子李，大小的小，中华的华。都是几个没有任何偏旁的最简单的字，就如我本人，简简单单、快快乐乐。但简单不等于没有追求，相反，我是一个有理想并执着的人，在追求理想的路上我快乐地生活着。"

4. 联想式

如一个同学叫萧信飞，他便这样做自我介绍："我姓萧，叫萧信飞。萧何的萧，韩信的信，岳飞的飞。"绝大多数人对"萧何月下追韩信"的典故和抗金英雄岳飞都很熟悉，这样一来，大家对他的名字当然印象深刻了。

总之，自我介绍是有很大发挥空间的，我们应该想方设法把它丰富起来，不要放过任何一个吸引人注意的机会。还有一点，我们不仅应在自我介绍的最初通报姓名，最好在告别时，再向对方告知一遍自己的名字。这样一来，不仅使对方容易记住你，而且会给对方留下一种你很积极的印象。

而在介绍别人时，一定要讲究次序。一般来说，应介绍年轻人给老年人，介绍地位低的给地位高的，将男士介绍给女士，将未婚者介绍给已婚者。当向一个人介绍多数人时，则应当遵守先职位高后职位低、先长后幼、先女后男的原则。

介绍时，一般简略地介绍一下被介绍者的姓名、身份即可。如果被介绍人担当的职务很多，可以只介绍级别最高的职务或与之有关的职务，其他职务不必都一一介绍。要实事求是地介绍，不要忘记被介绍者的重要身份，使其不能受到应有的重视，也不要夸大其词地胡乱吹捧，使对方处于难堪境地。

给双方介绍完毕后，不要马上离开，要等他们交谈上几句话后再借故告辞，但也不要该走不走。当双方谈兴渐浓时，应当找借口适时地离开，不影响他们的交谈。

当别人介绍自己时，要从座位上站起来，表示出很愿意认识对方的样子，并主动把手伸出与对方握手。如果对方是女性，就必须等对方伸出手后再去握手。如果她不伸手，可以点头表示致意。

总之，介绍的情况是多种多样的，但一定要切记，无论何种情况，都应根据具体情况灵活处理，介绍的关键是要注意礼节，使介绍为人们的相识起到好的作用。

恰当的称呼打造你的懂礼形象

　　王女士平时很注意美容保养，可毕竟岁月不饶人，这两年脸上的皱纹越来越多，还长了不少老年斑，为此，王女士时常对着镜子发愁，哀叹自己青春不再。

　　一天，王女士去菜市场买菜，一个年轻姑娘迎上来说："阿姨，我们家的菜可新鲜了，看看您需要点什么？"

　　没想到王女士的脸色突然就变了，没搭理那个姑娘径直走了。这位姑娘感到很纳闷，不明白是怎么回事。旁边的人悄悄对姑娘说："她不喜欢别人叫她阿姨，你得叫她大姐，她就对你热情了。"

　　原来，这位王女士最怕的就是别人提到她的年纪，虽然年纪大了，却不喜欢别人叫她"阿姨"。卖菜的姑娘不小心触到了她的痛处，她家的菜自然推销不出去。

　　第一次与人见面，首先涉及的问题就是如何称呼别人。有礼貌地称呼别人，是说话办事顺利的第一步，如果称呼不当，轻则造成尴尬，重则引起别人的反感和愤怒，导致交流不畅甚至中断。懂得恰当称呼别人的人，才会让人喜欢，说话办事也更加顺利。

　　可见，恰当地称呼别人也是一门艺术。聪明的人在称呼别人时总是谨慎小心，综合考虑对方的年龄、身份等多种因素，说话办事才不至于吃闭门羹。要做到恰当地称呼别人，主要需要注意以下几个方面。

1. 参考对方的年龄

　　一般场合下，人们都会依据年龄来称呼别人，这是最普遍也最方便的办法，通常情况下不会出错。但这里有一个问题要注意，俗话说："逢人短命，遇货添钱。"意思是说，人家的年龄，要少说三五岁，人家的东西，要往贵了说。许多人都不喜欢别人称呼他"老×"，尤其是女性，对年龄非常敏感，能叫"大姐"的就别叫"阿姨"，能叫"阿姨"的就别叫"奶奶"。

2. 参考彼此的关系远近

　　人与人之间的关系有远有近，在称呼的时候也应有所区别。明明是普通朋友却用非常亲昵的称呼，难免让人误会，认为你故意套近乎，相反，如果是比较亲近的关系却用了非常客套的语言来称呼，让人感觉十分见外。朋友之间，恰当地使用一些有趣的昵称也有助于增进感情。有的昵称则不是所有人都能用的，只有家人或其他关系密切的人才能用，这种特定的昵称也是表达亲密关系的一种方式。

3. 参考对方的身份职业

　　不同身份职业的人有不同的语言习惯，在称呼别人时要注意符合对方的习惯，有助于更好地沟通。例如在农村遇到老大爷，如果称呼对方"老先生"，恐怕没有人会知道你在叫他。而如果对有身份地位的年长男士称呼"大叔""大爷"，恐怕他也不会愿意跟你说话，应该配合其职业称呼"王老师"等。

4. 参考当地的语言习惯

　　不同地区对于相同的对象的称呼可能不同，如果不加留意，很可能闹出笑话。例如一些地方把儿子的老婆称为"媳妇"，而有的地方则称为"儿媳妇","媳妇"则专指自己的老婆,一字之差就意味着不同的家庭关系。再如,中国人经常把配偶称为"爱人",在外国人的意识里,"爱人"是"第三者"的意思。

想要成为一名受欢迎的人,在与他人初次见面时就一定要注意恰当地称呼别人,这样才能建立一个懂礼的办事形象,赢得别人的好感,使得交流能够顺利进行。

记住对方的名字

罗斯福开始竞选总统前的几个月中,其助手吉姆一天要写数百封信,分发给美国西部、西北部各州的熟人、朋友。而后,他乘上火车,在19天的旅途中,走遍美国20个州,行程12000里。他除了火车外,还用其他交通工具,像轻便马车、汽车、轮船等。吉姆每到一个城镇,都去找熟人进行一次极诚恳的谈话,接着再开始下一段的行程。当他回到东部时,立即给在各城镇的朋友每人一封信,请他们把曾经谈过话的客人名单寄来给他。那些不计其数的名单上的人,他们都会得到吉姆亲密而礼貌的复函。

吉姆早就发现,一般人对自己的姓名最感兴趣。把一个人的名字记住,很自然地叫出来,你便对他含有微妙的恭维、赞赏的意味。若反过来讲,把那人的姓名忘记,或是叫错了,不但使对方难堪,而且对你自己也是一种很大的损害。

为了能准确叫出别人的名字,在美国总统的专业幕僚群中,有一位幕僚的工作内容，就是专门替总统记住每一个人的名字，然后每当总统在遇见某人之前，这位专责幕僚就会先一步提醒总统此人的名字。而那位被总统叫得出名字的人，也会因总统竟然会记得他而雀跃不已，进而更坚定对总统的支持。

若是把人家的名字忘掉或写错了，你就会处于一种非常不利的地位。比如说，一个美国人有一次在巴黎开了一门公开演讲的课程，发出复印的信件给所有住在该地的美国人。那些法国打字员显然不太熟悉英文，自然在打名字的时候就打错了。巴黎一家美国银行的一位经理，写了一封不客气的信给那个美国人，因为他的名字被拼错了。

一个人从出生到去世，名字就一直和他缠在一起，这是区别于他人的重要标志。叫响一个人的名字，这对于他来说，是任何语言中最动人的声音，而在他心目中，你的形象也必将大放光彩。

记住每个人的名字，是尊重一个人的开始，也是塑造个人魅力的重要一步。

两个多年未见的朋友在街头邂逅，一方能够脱口而出对方的名字，必能使对方兴奋不已；即使只有一面之交的人，再次偶然相遇，清楚地记得对方名字，必能使其对你刮目相看。

拿破仑就经常遗忘别人的姓名，这使他的属下和朋友十分反感。后来他把每一个相识的人的名字写在纸上，全神贯注地闭门默记。如此一来，尽管再繁忙的公务缠身，他都能随口说出别人的姓名，得到众人的敬佩和爱戴。

记住他人的姓名，在商业界和社交上的重要性几乎跟在政治上一样。一名政治家所要学习的第一课是："记住选民的名字就是政治才能，记不住就是心不在焉。"

我们应该注意一个名字里所能包含的信息，并且要了解名字是完全属于与我们交往的这个人，没有人能够取代。名字能使他在许多人中显得独特。

刻意记住别人的名字，并且多去喊他的名字，因为这样做可以让别人感受到你在关心他、重视他。这只是一个细节，一个生活中的细节。其实生活就是由细节堆砌起来的，认真地对待生活中的每一个细节，做好每一个细节，只有这样，我们才能在生活中树立良好的形象。

以写人生读物而闻名的卡耐基在讲到"如何使人喜欢你"，列出的原则之一是："记住一个人的姓名，把它当作最甜蜜、最重要的声音。"记住这个原则，你就能让别人感觉自己很重要，让别人更加喜欢你！

看清身份再开口

与陌生人相处时，要懂得遇到不同的人说不同的话，以便满足对方的心理需求，从而赢得对方的好感。

与人说话，先要明白对方的个性，看清对方的身份后再开口，根据对方的说话方式和喜好来调整自己的说话方式。

1. 与地位高于自己的人谈话要保持个性

在与地位高于自己的人谈话时，要保持自己的个性，维持自己的独立思考，不去做一个应声虫。

同时，与地位高者谈话还应注意以下几点：

（1）态度表现出尊敬。

（2）对方讲话时全神贯注地听。

（3）不随意插话，除非对方希望自己讲话。

（4）回答问题简练适当，尽量不讲题外话。

（5）说话自然，不紧张。

2. 与老年人谈话要保持谦虚

长辈教育后辈时常说："我走过的桥比你走过的路还多。"这是很有道理的。老年人虽然接受的新鲜知识较后辈少，可是无论怎样，其经验要丰富得多。因此在与长者谈话时，要保持谦虚的态度。

人们不喜欢别人说自己年高，他们喜欢显得比自己的真实年龄更年轻，或努力获得如一个青年人一般的活力和健康的神气，这并非说他们企图隐瞒自己的年龄。事实上他们或许是因为他们自己能生活得很健康而感到骄傲。

所以我们与老年人谈话时，不要直接提起他们的年纪，而只提起他们的工作和成就，这样就能温暖老年人的心，从而使他们觉得你是一个非常令人喜欢的人。

老年人较之常人更易情绪激动，在他们的一生中，曾有过许多值得骄傲的事情，而他们就喜欢谈论这些作为。他们常喜欢人家来求教于他和听他的劝告，喜欢人们尊敬他。

其实，与老年人谈话是很容易的，因为他们很喜欢谈话。他们说话常滔滔不绝，如果打断他，就会显得粗鲁无礼。因此，有时与他们谈话很费时间，可是，只要用心听，他们的话是很有裨益的。

3. 与年幼者谈话要保持深沉

在与年幼者谈话时要保持深沉、慎重的态度。这是因为年幼者的思想虽然超前，但有些方面的知识不及自己，因而不宜降低身份，还要注意不要给他们机会直呼己名。

与年幼者谈一些他们感兴趣的事物，让他们相信自己是从他们的立场来观察事物的，让他们能够明白自己也有与他们一样年轻的观念，这样谈话就能顺利地进行下去了。

总之，与人交谈要懂得灵活应变，面对不同身份、地位、年龄和性别的人，应该采用不同的谈话风格，以适应各自的心理特点，这样才能不碰钉子、不失体面，让谈话顺畅地继续下去。

从对方的兴趣入手

美国耶鲁大学的威廉·费尔浦斯教授，是个有名的散文家。他在散文《人类的天性》当中写道：

在我8岁的时候，有一次到莉比姑妈家度周末。傍晚时分，有个中年人慕名来访，但姑妈好像对他很冷淡。他跟姑妈寒暄过一阵之后，便把注意力转向我。那时，我正在玩模型船，而且玩得很专注。他看出我对船只很感兴趣，便滔滔不绝讲了许多有关船只的事，而且讲得十分生动有趣。等他离开之后，我仍意犹未尽，一直向姑妈提起他。姑妈告诉我，他是一位律师，根本不可能对船只感兴趣。"但是，他为什么一直跟我谈船只的事呢？"我问道。

"因为他是个有风度的绅士。他看你对船只感兴趣,为了让你高兴并赢取你的好感,他当然要这么说了。"

可见,谈论别人感兴趣的话题能够很容易拉近人与人之间的距离,不仅可以使人对你产生兴趣,钦佩你,而且可以使自己更关心别人,关心他人对自己的要求。

周爽是个性格爽朗的年轻女孩,还是一位足球爱好者。有一次在去广州的火车上,她的同座是个小伙子,闲来无事,周爽和他侃起来。得知他是位辽宁人,便赞美辽宁人的豪爽,够朋友,她说她有好几位辽宁籍朋友,人特爽快。小伙子自然高兴,自报家门,说他叫李庆,是大连人,并说辽宁人是很讲朋友义气的,粗犷、豪放。而周爽话锋一转,说辽宁人也很团结,特别是大连足球队,虽然每位队员都不是非常出色,但他们团结一致,奋力拼搏,经常取得好的成绩。恰巧李庆是位球迷,两人相谈甚欢,下车后互留了通信地址。在李庆的介绍下,周爽认识了很多球迷,结交了许多朋友。

在与李庆交谈时,周爽先是从"辽宁人"这个话题入手,然后转到"足球"这个两人都感兴趣的话题上,与对方越谈越投缘。经过一番"神侃"之后,两人很快加深了了解,成为好朋友。

两个人刚见面认识时,不知道对方的性格、爱好、品性如何,往往会陷入难熬的沉默与尴尬之中。这时我们应当主动地在语言上与对方磨合,等找到了对方的兴趣所在,就可以以此作为共同的话题,很快地拉近距离。我们要善于从对方的谈话中发现其兴趣所在,适当地迎合对方,如果发现自己提出的话题对方不了解或者不感兴趣,就要及时转换话题,而不是自己想说什么就说什么。记住一点:每个人都喜欢谈论自己感兴趣的事而不是别人感兴趣的事，只要能够抓住对方的兴趣点，谈话自然很快热络起来。

寻找共同话题，打开陌生的局面

俗话说"巧妇难为无米之炊"，没有话题，谈话就没有焦点。光是空说话，没有实际意思，那陌生人终究还是陌生人，陌生的局面终究还是化不开。

怎样巧找话题呢？那就要从具体情况出发去考虑，如果彼此完全陌生尚未相识，那就要察言观色，以话试探，寻求共同点，抓住了共同点就抓住了可谈的话题。如果对方有什么顾虑，或是沉默的原因不明，那就没话找话说，随便找个话题，引起对方的兴趣，说个笑话、谈点趣闻都可以活跃气氛。

从具体情况出发，可以选择采取下面的方法。

1. 从简单问题出发，投石问路

与陌生人交谈，一般都可以先提一些"投石"式的问题，在略有了解后再有目的地交谈，便能谈得较为自如。如在商业宴会上，见到陌生的邻座，便可先"投石"询问："您是主人的老同学呢还是老同事？"无论问话的前半句对，还是后半句对，都可循着对的一方面交谈下去；如果问得都不对，对方回答说是"老乡"，那也可谈下去。假如是北京老乡，你可和他谈天安门、故宫、长城，谈北京的新变化；如果是福建老乡，你可与他谈荔枝、龙眼、橘子，沿海的水产等，从而开始你与他的交谈,也许他将来就是你事业上的合作伙伴呢!

2.就社会热点问题进行交谈

陌生的双方刚一接触,纯属个人生活的事情不宜多谈,但可以对时下人所共知的社会现象、热点问题谈谈看法。如果对方对这一问题还不太清楚,你可以稍作介绍。例如,近期影响较大的社会新闻、电影、电视剧和报刊文章等,都可以作为谈话的题目。

3.从工作中寻找

工作和事业是人们最关注的焦点之一,如果你们从事相似或者有关联的工作,不妨从工作上的经历谈起。相似的职业容易引起共鸣,工作中的烦恼和困惑,或者与对方分享自己的经验和心得,都是不错的话题。

4.关注子女教育

如果双方都已为人父母,不妨谈谈子女教育。孩子是父母生活的希望,孩子的教育牵动亿万家长的心。怜子、爱子、望子成龙是家长的共同心理。谈及孩子,即使是性格内向的人,也会眉飞色舞、滔滔不绝。

有的时候如果是预约式地拜访某陌生人,可以事先做一些了解。例如,问一些你们双方都认识的朋友,打听一下对方的情况,关于他的职业、兴趣、性格之类,了解得越详细越好。

当你走进陌生人的住所时,可以凭借你的观察力,看看能否找到一些了解对方性格的线索。墙上挂的是哪位画家的画?如果是摄影作品,能否揣测对方是摄影爱好者呢?

要知道,屋内的装饰摆设,可以表现主人的喜好和情调,甚至有些物品会引出某段动人的故事。如果你把它当作一个线索，不就可以了解主人心灵的某个侧面吗？了解了对方的一些个性，不就有话题了吗？交谈前，使用多种手段，尽可能地多了解对方，再把所获得的种种细微信息分析研究，由小见大，作为交谈的基础。

总之，在和陌生人交往时，不妨多多寻求彼此在兴趣、性格、阅历等方面的共同之处，使双方在越谈越投机的过程中获得更多关于对方的信息，迅速拉近距离，增进感情。

第二节
声音是沟通的乐器

声音在交流中的作用

露西是个38岁的漂亮的阿根廷人,她刚刚晋升为美国某银行股市信息主任。露西非常自信、独立,她对自己的事业充满了抱负和展望。在这个雄性主宰的金融业,同很多高级白领丽人一样,她追求完美、卓越,以获得同事和下级的尊重,她努力开发一切能够为她增加领导力的资源。

露西出身于一个良好的家庭,她坚信个人形象能够产生巨大的领导力。因此,在个人的外观形象的建立上,露西付出了极大的努力,她要求形象设计师让自己身上的每一个部件都发挥"权威"的作用。她达到了自己的要求,塑造了一个无可挑剔的、现代的、强干的女管理者的形象。但是,没有人告诉漂亮的、风度翩翩的露西,她还有美中不足之处——那就是露西的声音又尖又细,如同十几岁的女孩,这与她强大、独立的性格和一个管理者的外在形象格格不入。她领导的小伙子们在背后称她"小露西"。在她组织会议后,她开始注意到自己的声音确实产生不了权威。当别人争论,她试图插话时,别人好像根本就听不到她的声音。在电话中,人们常常误以为她是一个年轻的秘书,这让追求完美的露西感到自己的权威并不被别人承认。同事丹尼尔说:"她那刺耳的声音与她的职务和外表毫不相称,每当她失去耐心时，声音更是变了质，听起来像一个十五六岁的女孩，而不是一个38岁的、成熟的、有权威的女人。"三个月后，追求完美的露西终于不能再忍受自己的声音破坏"权威"的形象，她决定自费去找演讲家学习新的发声法。她说："不到这个位置上，也许我永远不知道自己声音的缺憾。虽然在38岁学习发声是件让人惊奇的事，但是我别无选择。"

你的声音和外貌、行为方式及你说话的内容一样重要。声音是你将信息传递给听众的工具。你和听众是否能够进行充分的交流，完全取决于你的口头表达能力和你的声音技巧。你可以用你的声音来争取听众的支持，使他们相信你，购买你推销给他们的商品，赢得他们的尊敬、爱戴和信任。你可以使听众精神振奋或昏昏欲睡，可以疏远或吸引他们。声音是人类交流的一个重要工具，西方沟通学家把声音称为沟通中最强有力的乐器，你要记住的最重要的事情是，你的听众所期待的是那种容易听懂的、令人愉悦的声音。

如果你的嗓音让别人听起来感到不舒服，可能会抹杀你在其他方面的优点，影响到你的形象。试想，如果一个成功的运动员有一副尖细的嗓子，或者一个令人尊敬的银行家的嗓音却是沙哑和带有严重鼻音的，那会是一件多么令人遗憾的事情。再想想你平时为什么容易拒绝一个电话推销员或者一个上门推销员，是不是因为他们令人不快的声音打扰了你呢？如果他们能够使他们的声音较为动听的话，推销的成功率将大大提高。

你的声音应该成为你事业上的优势，而不应成为瓶颈。如果你掌握了良好发音的技巧，那你的好嗓子将会增加你的自信，从而使你得到更多的机会。为什么越来越多的公司想要送他们的总经理去参加声音培训班,或者给他们请声音教练呢?因为客户或者顾客都容易被讲话者的优美嗓音所吸引。所以,这些公司想把他们的高级职员、销售人员、发言人等员工培养成有效的交际人员。这就要求这些人要有准确的发音,有令人愉悦的嗓音,以及良好的口头表达能力。这已经成为商业竞争的一种手段。工作人员声音的效果不只影响到公司及其个人的公众形象,而且影响到公司的各个业务领域。

深厚、宽音域的迷人声音能够强化你的美好形象,保持人们对你的积极的注意力。所以,不管你原来的嗓音是什么样的,你都要通过练习,使你的嗓音完全体现你的能力和个性。

动听的声音能够调动他人情感

动听的声音既能准确地表达自己,又能给人带来美的享受,调动他人的感情。要想让你的声音动听,除了要念准字音外,还要注意语气的准确、生动和语调的抑扬顿挫,不要让你的声音"生锈"。语气也就是说话的口吻,而语调也就是说话的腔调。注意以下几点,可以让你的声音变得生动起来。

口吻要符合你的身份,语调要高低适中。在长辈和上级面前,说话口吻要严肃恭敬,不宜高谈阔论、旁若无人;与同事同辈人说话,可以坦率随意,但不宜傲慢放肆;与晚辈人说话要和蔼可亲,不要以长者自居,一副教训人的面孔。社交场合以及讨论问题时,多用商量探讨的语气,不能盛气凌人;对人有所求时,要用恳请乞求的语气,不能下命令。

同样一句话，在不同时候说，效果往往大相径庭。抓住时机，恰到好处，运用适当的语气，才会产生正确有效的效果。在谈话的场合和演讲的场合、论辩的场合和对话的场合、严肃的场合和轻松的场合、安静的场合和嘈杂的场合等，都要根据具体情况使用不同的语气。比如说，在谈话场合，你就要注意适当降低声音，紧凑词语的密度，力求自然平和；而在演讲的场合，就要注意适当提高声音，放慢速度，要把握语势上扬的幅度，既充满激情又突出重点。

人不但有理智，还有感情。人们常常要流露出真情，而语调就是流露这种真情的一个窗口，愉快、失望、坚定、犹豫、轻松、压抑、狂喜、悲哀等复杂的感情都会在语调的抑扬顿挫、轻重缓急中表现出来。它不但展现着一个人的感情世界，也表露了他的社交态度。那种心不在焉、和尚念经的语调绝不会引起别人感情上的共鸣。语调是人类有声语言特有现象，人们会用不同的语调来表达不同的意义，恰当的语调运用能增强一个人说话的感染力，让他人不自觉地产生共鸣。有一个非常有趣的例子：

有一次，意大利著名悲剧影星罗西应邀参加了一个欢迎外宾的宴会。席间，许多客人要求他表演一段悲剧，于是他用意大利语念了一段"台词"。尽管客人听不懂他的"台词"内容，然而，他那动情的声调和表情，凄凉悲怆，不由得使人流下同情的泪水。可一位意大利人却忍俊不禁，跑到厅外大笑不止。原来这位悲剧明星念的根本不是什么台词，而是宴席桌上的菜单。

这归功于他说话的语调，正是因为这种语调赋予了声音极大的魅力,以致引起大家的共鸣。

当一个人心理恐慌,便会表现出语速的异常加快,往往表现为说了许多话,而内容大多不着边际,实质上也没有什么内涵,言辞之间也会有前言不搭后语的漏洞。因此,交谈时的声音大小、轻重、粗细、高低、快慢有着具体的规范:

(1)发音清晰易懂,不夹杂地方口音。

(2)放低声调比提高嗓门来得悦耳。

(3)委婉、柔和的声调比僵硬的声调显得动人。

(4)发音稍缓,比连珠炮式易于使人接受。

我们的声音是父母给的,但是也可以由我们自己把握,多多注意你的语气和语调,让你的声音更动听,跟生锈的机械的声音永别吧!

人们不喜欢命令的声音

在电影《维多利亚女王》中有这样一个片段:

维多利亚女王很晚才结束工作,当她走回卧房门前时,发现房门紧闭,于是她抬手敲门。

卧房内,她的丈夫阿尔伯特公爵问:"是谁?"

"快开门吧,除了维多利亚女王还能是谁。"

她没好气地回答。

没有反应。她接着又敲,阿尔伯特公爵又问:"请再说一遍,你到底是谁?"

"维多利亚！"她依然高傲地回答。

还是没动静。

她停了片刻，再次轻轻敲门。

"谁呀？"

这回维多利亚轻声应答："我是你的妻子，给我开一下门好吗？阿尔伯特。"

门开了。

从上面的影片情节中，我们可以发现：以亲切动人的声音提出要求，远比凭借权势地位发出命令式的声音更能得到对方的友好反馈。

声音语调能反映出一个人的内心世界、情感和态度。你是一个热情诚恳、令人信服、乐观幽默、可亲可近的人，还是一个呆板保守、具有挑衅性、好阿谀奉承、令人生厌的人；你是一个优柔寡断、自卑、充满敌意的人，还是一个诚实果断、自信、坦率并尊重他人的人。从你说话的语调中，人们都能感受出来。当你用命令式的声音对别人说话时，别人就会判断你是个严厉刻薄不好相处的人，因此对你产生不良印象；而当你用亲切动听的声音说话时，别人就会觉得你亲切和蔼，修养素质高。所以，想要别人喜欢你，喜欢听你说话，不妨让你的声音更加温和动听。

试想一下，如果你采用平易近人的语气跟下属或是不如自己的人谈话，更加有助于你提高自己的威信和影响力。因为温和的话语不会给任何人造成压力，自然而然能为你赢得更多人的喜欢。要时刻记住，动听的语调有助于提升形象，亲切的话语往往比雷霆万钧更能得到你预期的反应。

不要给他人带来听觉污染

苏娜是公司新来的员工,刚刚大学毕业,性格活泼好动。这天公司在附近餐厅举办迎新会,以便新员工与老员工进一步交流,为以后的公事交际打下基础。苏娜作为新员工代表发言,可能是性格原因,也可能是想在大家面前出出风头,苏娜开始了她的即兴演讲,只见她侃侃而谈,超高分贝的声音震慑全场。或许是对自己太过自信,苏娜发表了半小时的演讲后还意犹未尽,丝毫不顾主持人在一旁朝她使了半天眼色,还在那里没完没了地讲。经理看了直皱眉头,在场的其他同事碍于情面又不好遮起耳朵,临近门边的同事都借故闪出了门外。

苏娜原想通过即兴发言给大家留下一个好的印象,谁知由于她的声音过于刺耳,反而让人感到不舒服,更何况她完全忘记了自己所处的场合和身份,只顾没完没了地"自我表现",怎么能不让人头痛呢?西方的一些沟通专家把声音誉为"沟通中最强有力的乐器",然而很多人却不知道自己的声音是坏了的乐器发出的噪音,其恐怖程度可媲美"超声波",常常令周围人深感头痛。

语言沟通在公共场合是必不可少的,既然如此,我们必须注意塑造自己的声音。要知道,动听的声音应该是饱满的、充满活力,能够调动他人的情感,引起他人的共鸣。如果不注意声音的塑造,以尖锐的声音去获取别人的注意力,只会在不经意间毁坏自己的形象。毕竟谁愿意让那会令自己头痛的"超声波"刺激自己的双耳,扰乱自己的听觉神经，破坏自己的情绪呢？

所以，无论我们在什么样的社交场合，无论是男士还是女士，都要注意在社交中以生动的声音表现自己，尽量避免自己的地方口音，力求以抑扬顿挫的声调表现自己充满激情的精神风貌，把握好音量，切忌不拘小节，以声音蹂躏公共场合的其他人，惹人生厌。另外，诸如电梯里的大声喧哗，在公共场所对着手机大声讲话等，其实，这些都对别人构成了干扰和侵犯，尤其是使用手机等移动通信工具时，虽然可以极大地方便交际和联络，同时也一定要严格遵守使用规则，否则就会有损自己的形象。

不想给他人带来噪声污染，就千万不要在公共场合，尤其是楼梯、电梯、路口、人行道等人来人往处旁若无人地大声讲话；也不得在要求"保持安静"的公共场所，如医院、电影院、公交车等场所高声对着手机喊叫；必要时，应当关闭手机或让其处于静音状态；在开会、会见等聚会场合，不能当众使用手机或与他人窃窃私语，以免给别人留下用心不专、不懂礼貌的坏印象。

塑造有亲和力的声音形象

你的声音和你的外貌、行为方式、说话内容一样重要，因为声音是你将信息传递给他人的工具。声音的力量，足以改变世界。而且，我们自己说话的声音，总是随我们自身的变化而变化。它深刻地影响着我们如何感知自己以及他人反应的方式。在"魅力调查问卷"的回答者中，有高达 90% 的人都认为，声音是一个人魅力最重要的构成要素之一。

据说在古埃及的早期历史中，只有那些写在书面上的辩护词才允许在法庭上出示，之所以如此，目的就是要防止坐在长椅上的法官因为听到滔滔不绝、蛊惑人心的声音而受到影响或蒙蔽，从而失去其应有的公正。在宣告判决时，主持审判的大法官作为真理女神的化身，只是以相当寡言少语的方式来判决。

那么我们在人际交往中如何运用声音来提升魅力呢？那就要塑造有亲和力的声音形象，控制我们的声音，主要从以下几方面做起。

1. 与对方的语速、语调相协调

不同的人的声音各有特点，当我们与人交谈时，应该尽可能主动适应并相应改变自己的声音，与对方的声音相协调，这样做可以让对方更有亲切感，感觉你们是"同类人"。

当对方讲话速度快、音调高时，如果自己说话速度较慢，音调较低，则自己就要适当加快速度，在适当的地方提高音调。

当对方语速比较适中，语调高低起伏、抑扬顿挫时，自己也要控制语速，将语调适当调成高低起伏的状态。

而如果对方语速较慢、音调比较低沉，并时有停顿，自己也必须将语速变慢，将音调适当变得低沉一点，以与他们的节奏相协调。

2. 自然而不生硬

如果是与重要的人物交谈，难免会有些紧张，要想做到说话自然而不生硬，必须对所要说的内容非常熟悉，并对对方可能的提问也要有所设想并总结出理想的说辞。如果对内容都不熟，重要人物交谈的时候脑子里只能紧张地想着下一句该说什么，想着怎样回答对方的提问，就不可能做到自然、流畅。

3. 语速要有变化

语速的变化是一种语言艺术，能为语言增色。语速的变化会让人有一种抑扬顿挫的感觉，听着更有声音的美感，更容易让人集中精力倾听。

4. 音量大小有别

音量大小要根据不同的沟通环境和内容进行不同的调整。在重要的词语、数字及转折词上应适当加大音量，以示强调。在表达祝贺类的话语时，也同样要适当加大音量，以表达喜悦的心情。

5. 话语要有停顿

不停地讲述容易引起对方的疲劳和注意力分散，继而引起反感情绪。而话语的适时停顿，可以留给对方思考和发表意见的机会，特别是表述重要的内容时，在表达重要的词语、数字时适当停顿，无疑是在提醒对方注意。

控制自己说话的音量

适当的音量是好声音的一个重要因素，因此在与别人交谈时，千万不可忽视控制自己的音量。除了在特殊场合下，如火车、飞机上，或者在机器轰鸣的工厂里，不得已需要提高音量说话以外，平时没有必要大声说话。试想四周一片宁静，或树下谈心，或围炉叙旧，高声谈话是如何煞风景啊！另外，在公共场合，高分贝的声音会使别人受到困扰，甚至会让同伴觉得难堪。

苏珊是一家广告公司的资深业务经理，她最关心和留意客户的销售问题，并总是乐于帮助他人解决，但她的声音却让人听来讨厌，那超大分贝的声音经常会吓人一跳。她的老板私下说："我很想提升她，但她的嗓门太大了，让人感到她控制力太差。我不得不找一个说话音量适当的人来担任此职。"

显然，苏珊就是因为自己说话的音量不合适而失去了提升的机会。

有时，当我们想使自己的话题引起他人兴趣时，便会提高自己的音量。有时，为了获得一种特殊的表达效果，又会故意降低音量。但大多数情况下，应该在自身音量的上下限之间找到一种恰当的平衡。

正所谓"有理不在声高"，语言的威慑力和影响力与声音的大小是两回事。

查理是一家大型金融机构的投资研究部门经理。在平时的工作中，他总是表现得异常活跃和激动，为了显示出自己的领导身份，让大家听到他所说的话，他总是大声叫喊。每当他打电话时，隔几个办公室也能听清他所说的每一句话。同事们对他的这种行为感到迷惑不解，大家只对他的大嗓门越来越厌恶，并不会因此感觉到他的权威加强了。

说话中音量的高低是否恰当、适度，影响着表情达意的准确程度，左右着对方的听觉感受、精神状态，甚至关系到整个谈话的成败。有人气如牛，声如雷；又有人有气无力，声音出不来；还有人忽而大声，忽而小声，一下提高音量，一下压低嗓音，让人弄不清他的用意。所以，在说话的时候，一定要控制好自己的音量，过大或过小，抑或是忽大忽小，都是不利于说话者的形象和双方的沟通的。

适当的语气让你的声音更美丽

　　语气是人们在长期的使用过程中逐步形成的，因此它有其特定的稳定性，一般不以个人的意志为转移。比如我们不能用大声吼气来抒发自己的柔情蜜意，也不能用粗声粗气来称赞别人，更不能用恶声恶气来表现我们激动的心情，否则我们将不能正确地表达我们的本意，甚至还会招致麻烦和痛苦。由此可见，在说话时，我们一定要遵循声和气的语义特点，选用适当的语气。语气在不同情况下有不同用法。

1. 慷慨激昂的语气

　　慷慨激昂的语气给人以气壮山河之感，其酣畅磅礴的气势将增强语言的震撼力量。适用于鼓舞人心的场合。

2. 抑扬顿挫的语气

　　就是指句子里高低升降、轻重缓急的变化。同样一句话，语调升降变化和轻重缓急不同，所表达的意思就有可能不同，甚至会截然相反。抑扬顿挫可以加强语气，抓住听众的情绪，打动他们的心弦。

3. 平和舒缓的语气

　　我们有时置身于某些特定的场合中，说话时不宜高声喧哗、慷慨激昂，需要用平和缓慢的语气，起到"润物细无声"之效。

　　所有使用有声语言的场合，都离不开语气。若想成为一个说话富有感染力的人，就一定要熟练掌握驾驭语气的能力。一般而言，较大的场合要注意适当提高声音，放慢语速，使语势呈一定幅度上扬，以突出重点。反之，小场合则要注意适当降低声音，紧凑词语密度，使语势呈下降趋向，追求自然效果。不同的场合运用不同的语气，比如，论辩的场合和对话的场合，严肃的场合和轻松的场合，安静的场合和嘈杂的场合，等等，都应该根据情况使用不同的语气。

另外，语气能够影响听者的情绪和精神状态。如，喜悦的语气带给对方喜悦之情，愤怒的语气则会引发对方的愤怒之意，埋怨的语气会使对方牢骚满腹，生硬的语气会使对方有不悦之感，等等。所以，你在使用不同语气的时候，一定要想到对方的感受，千万别让你不适宜的声音破坏了别人的好情绪。

语气是有声语言的最重要的表达技巧，因为说话语气往往是一个人内心的潜意识的表露。只有掌握了丰富、贴切的语气，才能使我们在交际中赢得主动。

在口语表达过程中，语气的变化不仅可以反映讲话者的喜怒哀乐等情绪，还可以展示内容的逻辑性和形象性。语气不仅可以使语言表达更顺畅，在表情达意方面，有时甚至超过语言本身。为此，我们一定要把握好语调，让我们的声音真正显得声情并茂、充满生机。

有活力的声音才最美

作为一个听众，谁不喜欢听有活力的声音？一个声音有活力的说话者能获得更多的认同和共鸣。比如，响亮而生机勃勃的声音给人以充满活力与生命力之感。当你向某人传递信息、劝说他人时，这一点有着重大的影响力。当你说话时，你的情绪、表情同你说话的内容一样，会带动和感染你的听众。

有一家大型股份有限公司的3位副总准备向几位计算机专家介绍一下公司的情况，这3位副总没有一个人懂得计算机知识，但他们都是极有权威和影响力的人士，所以他们根本不会因为自己缺乏某一专业领域的知识而向他人表示歉意。他们各自站了起来，宣读了自己准备的材料，但声音平淡而毫无生机，不能引人注意，几位计算机专家弄不懂他们到底说了些什么。

要使自己的声音充满活力，则要注意重音，即根据表情达意的需要，把重要的音、句或语意强调说出，使说话者的思想感情表现得清楚明晰，以引起听者留意并加深他们的印象。说话的声音不可千篇一律，而要通过轻重抑扬来恰到好处地进行表达。说话的内容不同，形式也随之有别。

说话中带有技巧性的重音，能增强语言效果，当然，声音的轻重是相对而言的，运用重音时要考虑整个说话内容，轻重抑扬，紧密结合，使整个说话充满活力与激情。

有活力的声音可以使人对你产生极美好的幻觉，也可以使人产生最恶劣的错觉，它能在你疲倦时让别人感到你仍"精力旺盛"，能在你70多岁时还使人觉得你仍"年轻"。

别让声音泄露年龄，除非你还很小。富兰克林·罗斯福即使在最后几次演讲中——那时他早已病入膏肓——仍然竭力使自己听来年轻富有活力。

要想声音活泼生动，可以依照下列方法来进行训练。

将下列字各说两遍——先轻轻地念前一个，然后用强调的语气念下一个。假想你正站在阳台上与下面房间的另一个人说话，这样可以帮助你抑制音调的提高。

跑＼跑！＼不要＼不要！

肃静＼肃静！＼做＼做！

预备＼预备！＼试一试＼试一试！

当你情绪激动，如生气、激愤、违抗命令时，你的辅助肌肉就必须多费力量，因此绝不该提高音调。

声音色彩是感情色彩的外部体现，声音色彩与感情色彩之间有一定的对应关系。当人心情愉快时，声音是明朗的；而抑郁不欢时，声音就较黯淡。若没有这种对应关系，就不可能用声音传递情感信息，也就无法引起对方情感上的共鸣。但在运用声音色彩进行表达时，却不能采用简单的"对号入座"的办法，即见喜用喜声，见怒用怒声。这是因为，声音色彩只不过是感情色彩的外部体现，如果失去了感情的运动变化，声音色彩便没有内在依据，声音就失去了活力，成了空洞僵滞的东西。感情色彩的变化丰富细致，因而与它相适应的声音色彩的变化也必须是生动丰富的，而有活力、有感情色彩的声音才是最美的。

第三节
交流用技巧，形象更美好

在恰当的时机说正确的话

　　说话是双方的交流，不是一个人的单方面行为，它要受到各方面条件的制约，如说话对象、周边环境、说话时间等，所以说话要把握时机。如果该说的时候不说，时境转瞬即逝，便失去了成功的机会。同样的，如不顾说话对象的心态，不注意周边的环境气氛，不到说话的火候却急于抢着说，很可能引起对方的误解。如果信口开河，乱说一通，后果就更加严重。所以说话时机掌握好了是相当重要的。

　　孔子在《论语·季氏》里说："言未及之而言谓之躁，言及之而不言谓之隐，不见颜色而言谓之瞽。"这句话有以下意思：一是不该说话的时候说了，叫作急躁；二是应该说话的时候却不说，叫作隐瞒；三是不看对方的脸色变化，贸然信口开河，叫作闭着眼睛瞎说。这三种毛病都是没有把握说话的时机，没有注意说话的策略和技巧。

　　没有掌握最恰当的时机说话，不论话的内容有多么精彩，也不会有任何意义，无法使对方接受你的意思。

　　某学校为两位退休老教师举行欢送会。会上，领导赞扬了两位老师的工作和为人。但是，两相比较之下，其中那位多次获得过"先进"的老教师得到了更多的美誉。这让另外那位老教师感到相当难过，所以在他讲完感谢的话以后，又接着说："说到先进，我这辈子最遗憾的是，我到现在为止一次都没有得过……"这时，另外一位平日里与他不和的青年教师突然开口说："不，不是你不配当先进，是因为我们不好，我们都没有提你的名。"一时间，原本会场上温馨感动的气氛被尴尬所取代。领导看气氛不对，马上接过话说："其实，先进只是一个名义罢了，得没得过先进并不重要，没有评过先进，并不代表你不够先进，我们最重要的还是要看事实……"这位领导本来是想要缓和一下气氛，但是反而使局面更糟糕。

其实，会场的气氛之所以会如此尴尬，最主要的还是退休老教师、青年教师以及领导三人没有掌握好说话的时机。就算自己心里面有多少遗憾，这位退休老教师也不应该在欢送会这样的场合上讲出来。对于那位青年教师，也不应该在这样的场合上为图一时之快，说一些刻薄的话。在场合出现尴尬的时候，领导也应该极力避开这个敏感话题，而不是继续在这个话题上唠叨不休。

所以，说话要注意时机，把握说话时机非常重要。这个过程，我们要在不同的时间、地点、人物面前说合适的话，该说话时才说话，而且要说得体的话。只要我们有充分的耐心，积极进行准备，等待条件成熟，顺理成章地表达自己的观点，不仅能赢得对方的开心，又能令自己舒心。具体来说，可以遵循以下原则：

（1）要看准时机再说话，要有耐心，积极准备，时机到了，才能把该说的话说出来。

（2）沉默是金，并不是说要一味沉默不语，该说话的时候就不要故作深沉。比如，领导遇到尴尬情况了，就需要你站出来为领导打圆场，同事有矛盾了，需要你开口化干戈为玉帛。

（3）别人在说话的时候，不要随意插嘴打断人家的话。

（4）看准时机，说不同的话。这些话都要与当时的场合、时间、人物相吻合。

（5）该说话的时候要说话，因为有时候机会转瞬即逝，错过这个说话的时机，也许以后就不会再有机会了。

常说"谢谢"的人惹人爱

"谢谢"是个美丽的字眼，它是一种深刻的感受，能够增强个人的魅力，开启神奇的力量之门，发掘出无穷的智慧。感恩也像其他受人欢迎的特质一样，是一种习惯和态度。但它却常常被人忽略，生活中很多人或是害羞，或是骄傲冷漠，很少对别人说谢谢，结果被人指责"帮了他的忙，连句'谢谢'都不会说"。

我们在说话办事时，一定要学会感谢别人，无论是对家人、朋友还是同事，"谢谢你""我很感谢"，这些话要经常说。以特别的方式表达你的感谢之意，付出你的时间和心力，这比物质性的礼物更可贵。你可以发挥创意，运用特别的感谢方式。例如，写一张字条给上司，告诉他你多么热爱你的工作，多么感谢工作中获得的机会。这种深具创意的感谢方式，一定会让他注意到你，甚至可能提拔你。感恩是会传染的，上司也同样会以具体的方式表达他的谢意，感谢你所提供的服务。

同样，不要忘了感谢你周围的人：你的丈夫或妻子及工作的伙伴。

因为他们了解你,支持你。大声说出你的感谢,经常如此,可以增强家庭的凝聚力。

即使对陌生人,也要时常说"谢谢"。无论你走到哪一家公司,如果你能够对为你服务的女职员说一声"谢谢",她一定会打心里感激你的,其实这也是基本的礼貌。反过来说,如果她的这种工作被人漠视,或者被认为是应该如此做的话,她一定感觉不舒服。关于这件事,你只要改变一下自己的立场就不难明白了。因此,我们最好尽可能地向对方说"谢谢您"之类的感激之语,以便给彼此的人际关系带来良好的效果。而说这种感激之语时,还应该注意以下几点。

1. 语调必须清晰

说"谢谢您"时,切勿以极小的声音说出。这么一来,对方会以为他为你做的事是不值得感谢的,你只是碍于情面而给他一声谢谢而已。因而,当你表示感谢对方时,必须清晰、愉快地说出来。

2. 最好指名

当你欲对某人说谢谢时,最好先称呼对方的大名,然后表示你的感激之情。例如,"玛丽小姐,非常感谢您!"如果你欲向几位人士同时表示谢意的话,则最好不要说"谢谢大家!"而必须一位一位地称呼他们的名字,然后道谢。例如,"琼斯先生,非常感谢你","切尔西小姐,非常感谢你"等。

3. 必须看着对方

如果你以冷漠的态度说谢谢的话,势必给对方留下恶劣的印象。而人们在互相注视的时候,交流通常比较容易进行。所以,表达你的感激的时候,最好是专注地注视对方,这样你的话才显得是出于真心,你的感情才显得真挚。

4. 最好在对方未期待之时说"谢谢您"

"谢谢您"这三个字，即使对方已期待着你这么说，仍是有它的效果的。然而最富有效果的是，在对方丝毫没有心理准备时，说出这一句话，这样效果是非常大的。

5. 要有具体所指

如果你一个劲地握住别人的手说"谢谢"，别人却不知所以然，那是因为你的感激显得空洞无物。所以，在你说谢谢的时候，一定要具体说出对方在哪一方面帮助了你。如："我真的非常感谢您为我介绍了不少客户。"

6. 付诸行动

表达感激之情有很多方式，可以说也可以做，例如送一份礼物，并附上一张便笺，写上感谢的话。礼物不需要太贵重，精致美观而又能表现出诚意最好。同样也可以请对方吃饭，更有助于增进感情。

俗话说"助人为乐"，每个人在听到别人对他说"谢谢"时心中一定是愉快的，我们要学会时常对别人说谢谢，找机会对别人说谢谢，这既是一种礼貌谦虚的态度，也是拉近人与人之间关系的法宝。

用好"对不起"之外的道歉语言

道歉的语言技巧很多，会道歉的人不但能使自己获得对方的谅解，而且可以保全自己的面子，保护自己的形象。但是，如果致歉的方式不妥或者表达不当的话，不但会使自己颜面扫地，而且会使对方更愤怒。因而，这种发自内心的愧疚并不是"对不起"这三个字就能完全表达的，它还需要我们针对不同的情况，运用不同的技巧。

1. 幽默的道歉

在某些场合，由于不小心的失误或言语不当，常常会给对方造成尴尬的情况，在这时，如能采用风趣幽默的方式进行道歉，则可以使别人感受到这份歉意，从而可以谅解你，从下面的例子便可看出这点。

有一次，费新我先生在家中对客挥毫，写孟浩然的《过故人庄》，当写到"开轩面场圃，把酒话桑麻"一句，不留神漏掉了一个"话"字，旁观者窃窃私语，皆有惋惜之情。费老这天喝了一点酒，而酒后容易失话（言），于是费老拍拍脑袋连声说："酒后失话，酒后失话！"并在诗尾用小字补写了这四个字，以示阙如。费老的一句话情趣盎然，使气氛为之一变，在场的人都拊掌称妙，赞不绝口。

费老先生在乘兴挥毫之时不留神落了一个字，未免让人觉得可惜，然而他灵机一动，以"酒后失话"为由为自己辩解，一语双关，情趣顿生，不仅表达了歉意，弥补了缺陷，还为这幅墨宝带来了一段趣话。

2. 别致的道歉

直接道歉，在某些情况下可能会使自己和对方都产生尴尬，造成不太好的局面，但如采用巧妙别致的方式道歉，可以使对方在惊讶感动之余，不计前嫌，欣然接受。

3. 赞美的道歉

一般说来，在道歉时责备自己大家能做到，但是却常常忘了称赞对方几句。其实，赞美法是道歉的一个好方法。

在道歉的时候，称赞对方，让对方获得一种自我满足感，知道自己是正确的，别人是错误的，这样能轻而易举地获得对方的谅解。

例如，当你用言语伤害了同一单位一位平常挺关心你的同事之后，你向他道歉，话可以这样说："我早就想给你做检讨，当年咱俩一块儿到单位，你对我一直很关心，像个老大哥似的，后来只怪我不懂事，做了些不恰当的事……""当初说的一些话是我不对，知道你宽宏大量，一定能原谅我的过错。"

我们都要学会用好"对不起"之外的道歉语言，以保证我们在错误面前不失礼于人。

不当面纠正他人错误

生活中有一类人，他们反应快、口才好、心思灵敏，在生活或工作中和人有利益或意见的冲突时，往往能充分发挥辩才，把对方辩得脸红脖子粗，哑口无言。其实，这是种没心机的表现。口头上的赢不能叫赢，与人针锋相对，处处抬杠，无论你说得多么精彩，多么富有哲理，也很难让对方心服口服、甘拜下风，而且你的形象也在这些无谓的争执中大受影响。即使你胜了，其实也败了。

而且那种时时争取口头上胜利的人，渐渐地会形成一种习惯：不管自己有理无理，一要用到嘴巴，他绝不会认输。这样的坏习惯对他的形象和人际关系都是种巨大的损害。

毫无意义的争论能给当事人带来什么呢？答案是什么都没有，你会失去一位朋友或顾客，收获一个敌人和愤怒的心情，而且不会有人因此而大赞你知识渊博与能言善辩，因为真正能言善辩的人懂得如何让人心悦诚服。"会说话"而不是"会吵架"的人才是说话高手。

在一次宴会上，卡耐基左边的一个先生讲了一个幽默故事，然后在结尾的时候引用了一句话，那位先生还特意指出这是《圣经》上说的。卡耐基一听就知道他错了。他看过这句话，然而不是在《圣经》上，而是在莎士比亚的书中，他前几天还翻阅过，他敢肯定这位先生一定是搞错了。于是他纠正那位先生说，这句话是出自莎士比亚的书。

"什么？出自莎士比亚的书？不可能！绝对不可能！先生你一定弄错了，我前几天才特意翻了《圣经》的那一段，我敢打赌，我说的是正确的，一定是出自《圣经》！如果你不相信，我可以把那一段背出来让你听听，怎么样？"那位先生听了卡耐基的反驳，马上说了一大堆话。

卡耐基正想继续反驳，忽然想起自己的老友——维克多·里诺在右边坐着。维克多·里诺是研究莎士比亚的专家，卡耐基想他一定会证明自己的话是对的，于是转向他说："维克多，你说说，是不是莎士比亚说的这句话？"维克多盯着卡耐基说："戴尔，是你搞错了，这位先生是正确的，《圣经》上确实有这句话。"随即，卡耐基感到维克多在桌下踢了自己一脚。他大感不解，但出于礼貌，他向那位先生道了歉。

回家的路上，满腹疑问的卡耐基埋怨维克多："你明知那本来就是莎士比亚说的，你还帮着他说话，真不够朋友。还让我不得不向他道歉，真是颠倒黑白了。"维克多一听，笑了："《李尔王》第二幕第一场上有这句话。但是我亲爱的戴尔，我们只是参加宴会的客人，而且你知道吗，那个人也是一位有名的学者，为什么要我去证明他是错的？你以为证明了你是对的，那些人和那位先生会喜欢你，认为你学识渊博吗？不，绝不会。为什么不保留他的颜面呢？为什么要让他下不了台呢？他并不需要你的意见，为什么要和他抬杠？记住，永远不要和别人正面冲突。"

只要我们稍微冷静地想一想，就会发现大多争论的结果是，没有一个人是胜利者。争论既不能为双方带来快乐，也不能带来彼此间的尊重和理解，更不能证明谁是真理的掌握者。争论所能带给我们的只是心理上的烦躁、彼此的怨恨与误解，甚至让你多一个敌人。

争吵发生的时候，骤然升温的情绪之火灼烧你的头脑，使你烦闷、愤怒，甚至想与对方硬拼一场。对方的强词夺理、唾沫横飞令你愤恨不已，而在对方眼里，你又何尝不是同样可恶的形象？当不断升温的情绪之火达到足以烧毁你仅存的一点理智的时候，一股难以抑制的仇恨之火便由心底升起。这就足以解释为什么口角之争会发展到大动干戈的地步。然而这种以为打口水仗能赢利的人，显然是大错特错了，因为一场毫无意义的争论并不能让他人从心底里佩服你。上升的级别越高、争论的时间越长，越会伤害彼此，最后还会以一败涂地而告终。

所谓"口服心不服"，口头上的胜利也许有一时之快，却往往招致别人长时间的不满，聪明人不会去做这样得不偿失的事，嘴上"软"一点，就能多一个朋友。

多说"我们",少说"我"

李先生是索尼公司的一位市场分析员,一次开会的时候,李先生起身发言,他的调查深入细致,观点鲜明,材料也非常有特色,但是,不知道为什么,在座的人员对此反响不太热烈。对此李先生非常纳闷,事后他找到一位同事想弄明白这是怎么一回事。同事看到他急切又诚恳的样子就对他说:"你的报告内容很精彩,可就是你的说法不太恰当。你总是把'我'字挂在嘴上,个性也太鲜明了,当然引不起别人的共鸣了。以后,你要多说'我们'这个词,别人听了心里也舒服。"

李先生听完后恍然大悟,他终于找到了问题所在。自此以后,他就常常把"我们"挂在嘴边,同事之间的关系相处得也越来越好了。

说话时,往往说"我"和"我们",给人的感觉却完全不同。在开口说话时,我们要注意这样的细节,多说"我们",用"我们"来做主语,因为善用"我们"来制造彼此间的共同意识,对营造我们亲切有礼的形象、促进我们的人际关系将会有很大的帮助。

"我"在英文里是一个最小的字母,千万别把它变成你语汇中最大的字。

有位先生在聚会上讲话的前3分钟内,一共用了36个"我",他不是说"我",就是说"我的",如"我的公司""我的花园",等等。随后一位熟人走上前去对他说:"真遗憾,你失去了你的所有员工。"

那个人怔了怔说:"我失去了所有员工?没有呀?他们都好好地在

公司上班呢！"

"哦，难道你的这些员工与公司没有任何关系吗？"

亨利·福特二世描述令人厌烦的行为时说："一个满嘴'我'的人，一个独占'我'字、随时随地说'我'的人，是一个以自我为中心的人，是一个不受欢迎的人。"

在人际交往中，"我"字讲得太多并过分强调，会给人突出自我、标榜自我的印象。这就会使对方渐渐感到你的自我，与你交往也会形成障碍。

因此，谦卑有礼的人，会懂得多用"我们"来使周围的人产生认同感，使对方感到受尊重。

事实上，我们在听演讲时，对方说"我认为……"带给我们的感受，将远不如他采用"我们……"的说法，因为采用"我们"这种说法，可以让人产生团结意识。

小孩在做游戏时，常会说"我的""我要"等语，这是自我意识强烈的表现，在小孩子的世界里或许无关紧要，但若长大成人以后仍然如此，就会给人自我意识太强的坏印象，人际关系也会因此受到影响。

人的心理是很奇妙的，同样的事往往会因说话的态度不同，而给人完全不同的感觉。因此善用"我们"来制造彼此间的共同意识，能促进我们的人际关系。

"我没有做什么，同事们和我一样战斗在工作第一线，尤其领导更是起了带头作用，为我们做出了榜样。所以今天大家给我的荣誉，我觉得功劳不能归于一人，功劳是大家的。"在一些表彰会上，经常可以听到这样的语言。其实这些话多半言不由衷，因为明明工作就是一个人干的嘛。但是把"我"说成"我们",一来显得自己谦虚,二来让领导和同事们听着都很舒服。

中国是一个传统深厚的国家,中国人有内敛的普遍个性,这种内敛个性成了我们基本价值判断的一部分。如果一个人过分强调自己,什么事都抢着去干,或者什么功劳都揽到自己头上,什么过错都推给别人,那这个人很可能就要倒霉了,除非你是团队中的头号人物。所谓"枪打出头鸟"就是这个道理,所以即使自己干了很多,苦劳都是自己的,也要把功劳分给大家。

不过让心中不平之人聊以自慰的,就是你做了事情但是把功劳和大家分享了,你在别人心中的地位就会逐渐提高。群众的眼睛是雪亮的,什么东西他们看不出来?领导更是心明眼亮,只要你不抢他的风头,时间长了就会有你的好处。

说"我"跟"我们"的差别,其实就是让听者心里头高兴与否。说"我们",听者心里高兴,对自己有好处;说"我",听者心里不高兴,对自己没什么好处。既然这样,聪明的人就应该多说"我们",少说"我"。

说别人想听的,不是说你想说的

很多人往往习惯将自己的想法、意见强加给别人,总觉得自己的做法、意见才是最好的。虽然出发点都是好心的,是为了帮助别人解决某些问题,但是却始终没有站在对方的立场上想过这样是否适合。

所以当我们和别人商谈事情时，我们不应该先自我确定标准和结论，应该站在对方的立场仔细想想，关心询问对方对这件事情的看法和应该如何解决这个问题，而不是直接讲一番大道理来逼迫对方接受。

在与对方沟通时，站在对方立场上，才能让别人听着顺耳，觉得舒服。站在对方立场上，设身处地地想，设身处地地说。如此，不仅能使他人快乐，也能使自己快乐。

站在对方的立场考虑问题，你会发现，你跟他有了共同语言，他所思所想、所喜所恶，都变得可以理解。在各种交往中，你都可以从容应对，要么伸出理解的援手，要么防范对方的恶招。许多人不懂得如何站在对方立场上思考和说话，这是导致很多事情做不成功的一大原因。

站在他人的立场上说话，能给他人一种为他着想的感觉，这种投其所好的技巧常常具有极强的说服力。要做到这一点，"知己知彼"十分重要，唯先知彼，而后方能从对方立场上考虑问题。成功的人际交往语言，有赖于发现对方的真实需要，并且在实现自我目标的同时给对方指出一条可行的路径。

某精密机械总厂生产某项新产品，将其部分部件委托另外一家小型工厂制造，当该小型工厂将零件的半成品呈示总厂时，不料全不合该厂要求。由于迫在眉睫，总厂负责人只得令其尽快重新制造，但小厂负责人认为他是完全按总厂的规格制造的，不想再重新制造，双方僵持了许久。总厂厂长在问明原委后，便对小厂负责人说："我想这件事完全是由于公司方面设计不周所致，而且还令你吃了亏，实在抱歉。今天幸好是由于你们帮忙，才让我们发现竟然有这样的缺点。只是事到如今，事情总是要完成的，你们不妨将它制造得更完美一点，这样对你我双方都是有好处的。"那位小厂负责人听完，欣然应允。

也许你会质疑："站在对方的立场上说来容易，实际要做的时候却很难。"没错，站在对方立场来说话确实不容易，但却不是不可能。许多口才不错的人都能做到这一点。因为若不如此做，谈话成功的希望就可能是很小的。真正会说话的人，善于努力地站在他人的角度来设想，并且乐此不疲。然而，他们也并非一开始就能做得很好，而是从一次次的说服过程中吸收经验、吸取教训，不断培养自己养成这种习惯，最后才达到这样的境界。因此，只要你愿意，这并不是件太大的难事。

站在对方的立场上思考和说话，设身处地地为别人着想，往往能让人非常感动，因此对你形成良好的印象。美国汽车大王福特说过："如果说成功有秘诀的话，那就是站在对方立场上认识和思考问题。"因为这样不但能使你与对方良好地沟通和获得谅解，而且能更清楚地了解对方的思想轨迹及其中的"要害点"，瞄准目标，击中"要害"，使你的说服力大大提高。如果你与别人意见不一致了，假若能站在对方的立场上认识和思考问题，你也许会发现自己错了。而且如果你肯主动承认错误，就会使矛盾很快得到解决，还能赢得他人的喜欢。

曾经有人说，要想让别人相信你是对的，并按照你的意见行事，首先要人们喜欢你，不然你就要失败。可是如果我们不能设身处地站在别人的角度，又怎么可能让对方喜欢呢？说服时，不考虑对方的立场，或是找些莫名其妙的理由来搪塞，都会使事情更难处理。上下级间之所以经常发生口角，互相厌恶，不外是双方只考虑自己立场的缘故。所以，站在别人的立场上说话，说别人想听的，你的形象会变得更好，而话才能说得更好！

维护他人的面子，显出自己的涵养

人们常说："面子换面子，善用面子好办事。"你可以赢得一场战争，但未必能赢得真正的和平。你伤害过谁也许早已忘了，但是，被你伤害的人却永远不会忘记你。其实，给别人留个台阶，不伤人的面子，不仅是给别人面子，也是给自己留面子。

在广州的一家著名大酒店里，一位外宾吃完最后一道茶点，顺手把精美的景泰蓝筷子悄悄插入自己的西装内侧口袋里。服务小姐不露声色地迎上前去，双手擎着一只装有一双景泰蓝筷子的绸面小匣子说："我发现先生在用餐时，对我国景泰蓝筷子颇有爱不释手之意，非常感谢您对这种精细工艺品的赏识。为了表达我们的感激之情，经餐厅主管批准，我代表本店，将这双图案最为精美并且经严格消毒处理的景泰蓝筷子送给您，并按照本店的优惠价格记在您的账单上，您看这样如何？"

那位来宾当然明白这些话的意思，表示了谢意之后，说由于自己多喝了两杯白兰地，头脑有些发晕，所以，误将食筷插入内衣袋里，同时聪明地借此台阶说："既然这种筷子不消毒就不好用，我就以旧换新吧！哈哈哈……"说着取出口袋里的筷子恭敬地放回了桌上，接过服务小姐给他的小匣。

这位服务小姐巧妙地指出了对方的错误，既给对方留了个台阶，保住了对方的面子，同时也在顾客心中树立了好的服务形象，可谓是一举两得。

为什么在社交场合要特别注意给对方留台阶，为对方留面子呢？这是因为在社会交际场合，每个人都展现在众人面前，因此都会格外注意自己社交形象的塑造，都会比平时表现出更为强烈的虚荣心和自尊心。在这种心态支配下，如果你没给他留面子，他就会产生比平时更为强烈的反感。

在公共场合中，能为陷入尴尬境地的对方提供一个恰当的台阶，使他免丢面子，这是为人处世的原则。这不仅能使你获得对方的好感，而且也有助于你树立良好的社交形象。相反，如果对方因没能下得了台阶而出了丑，他可能会记恨你一辈子。

面子是自己挣的，也是别人给的。当然，很多时候，我们在给自己挣面子的时候，也要学会给别人留点面子。每个人都难免因一时糊涂做一些不适当、错误的事。遇到这种情况，一定要尽量避免触及对方所避讳的敏感区，避免使对方当众出丑。必要的时候，可委婉地暗示对方他的错处或隐私，但不可过分，只需点到为止，绝不能伤了对方的面子。给人面子，就是给自己面子，可以说是一种"双赢"的皆大欢喜。给人留面子，既能显出你的涵养，也能赢得别人的友情，这样的好事，何乐而不为呢？

在倾听时应适当对说话者做出回应

　　倾听并不意味着默默不语，除需要做一些必要的"小动作"外，还得动一动自己的嘴。恰当地附和说明你没有走神，一直在用心听对方说话，表达了你对说话者观点的赞赏，还对他暗含鼓励之意。

　　例如，当你对他的话表示赞同时，你可以说："你说得太好了！""非常正确！""这确实让人生气！"这些简洁的附和让说话者为想释放的情感找到了载体，表明了你对他的理解和支持。同时，听者还可以用一些简短的语句将说话者想传达的中心话题归纳一下，能够使说者的思想得以凸显和升华，同时也能提高听者的位置。

　　当然，我们还可以向说话者提一些问题。这些提问既能表明你对说话者话题的关注，又能使说者更愿意说出欲说无由的得意之言，也更愿意与你进一步交流。

　　一位老教授与门下的5名学生闲聊着自己当年读研时候的杂事，说："你们现在的生活可真丰富，校园内有体育馆，校园外有游乐园。我当年在你们这个阶段，生活的世界里只有课堂、图书馆和宿舍。"

　　学生们微微一笑，导师继续说道："不过，那个时候精力都用在读书上也好，搞科研嘛，基础知识不扎实根本无法谈及创新。还记得我的一个课题是关于青藏高原地质变迁的问题，当时我不仅要查自然地理方面的书，还要查很多地质演变与生物演化方面的书。当时科学根本没有现在这么发达，哪里有什么计算机、文献电子稿啊，完全依靠图书馆里纸质的资料，可比你们现在做项目难多喽！"

说着，教授停顿了下来，拿起茶杯饮了两口。

这时，其中一个专心倾听的学生礼貌地问道："老师，您当年的研究方向是青藏高原的地质变迁问题，可参考资料却涉及区域内的生物演化，当时是不是很少有人将这两个角度结合考虑？"

听完，教授会心地看了看这位"好问"的学生，然后得意地说道："很多时候，没人想到的地方你想到了，才会有意外的收获，才能够创新。不信，我们来举个现在的例子，就说说你现在的课题吧！"接着，教授在得意于自己创意思考的同时，更为那名巧妙提问的学生进行了很有创意的课题指导，而那 4 名只知道听的学生，却没得到教授丝毫的专门指导。

不仅如此，附和地倾听本身还是一种赞美，它能使我们更好地理解别人，有助于克服彼此间判断上的倾向性，有利于改善交往关系。在倾听别人谈话时，你已经把你的心呈现给对方，让对方感受到了你的真诚。我们去倾听别人的时候，也就是我们设身处地地理解他们的幸福、痛苦与欢乐的时候，使我们能够把对方的优点和缺点看得更清楚。而这些结论再通过我们有效的附和来传达到对方心里，这才能算是一次完美的交流。

认真倾听并在适当时间附和也有利于对方更好地表达自己的思想和情感。在对方明白我们的倾听是对他的尊重以后，他同样会认真地听我们说话，这样大家彼此的交流才能产生良好的效果。

图书在版编目（CIP）数据

做最好的自己：你的形象价值千万 / 桑楚编 . --北京：线装书局，2018.3（2018.10）
ISBN 978-7-5120-3034-3

Ⅰ．①做… Ⅱ．①桑… Ⅲ．①成功心理－通俗读物 Ⅳ．① B848.4-49

中国版本图书馆 CIP 数据核字（2017）第 302921 号

做最好的自己 —— 你的形象价值千万

| 编　　者：桑　楚
| 责任编辑：程俊蓉
| 出版发行：线装书局
| 地　　址：北京市丰台区方庄日月天地大厦 B 座 17 层（100078）
| 电　　话：010-58077126（发行部）010-58076938（总编室）
| 网　　址：www.zgxzsj.com
| 经　　销：新华书店
| 印　　制：北京海石通印刷有限公司
| 开　　本：880mm×1230mm　　1/32
| 印　　张：8
| 字　　数：179 千字
| 版　　次：2018 年 10 月第 1 版第 2 次印刷
| 印　　数：5001—10000 册

线装书局官方微信

定　　价：36.00 元